KB271345

하늘의 땅 사람의 땅

하늘의 땅 사람의 땅

리틀 티베트를 찾아서

라다크 기행

글 사진 남수연

종이거울

파미르고원에서부터 뻗어온 히말라야산맥의 중턱. 라다크는 풀 한포기 자랄 것 같지 않은 거친 환경에서 찬란하게 피어난 작은 티베트다.

라다크 어느 마을에서나 만날 수 있는 어린이들의 맑은 미소. 그 순수함을 카메라에 담는 일은 이번 여정의 가장 큰 즐거움이었다.

'오래된 미래'의 땅 라다크에 보내는 늦은 감사의 인사

라다크Ladakh는 첫사랑처럼 불쑥 다가왔다. 그곳이 인도 북쪽, 히말라야산맥 중간 어디쯤이라는 것밖에 알지 못하던 내게 문득 라다크 여행을 제안한 사람은 대학 후배였다. 여행사를 운영하고 있는 후배는 답사를 겸한 라다크 행에 동행할 것을 권했다. 덜컥 따라 나선 것은 그에 대한 믿음 때문이기도 했지만 인도라는 매혹적인 이름, 히말라야Himalayas에 대한 동경, 그리고 티베트불교에 대한 호기심이 뒤섞여 거부할 수 없는 유혹이 돼버렸기 때문이다. 히말라야를 향해 한 발씩 나아가는 순례의 길, 실크로드를 오가던 옛 카라반Caravane들의 무역로, 티베트불교의 원형이 살아 있는 붓다의 땅. 무엇보다도 인간의 접근을 쉽게 허용하지 않던 그 오지를 직접 접해볼 수 있는, 나로서는 흔치 않은 기회였다.

라다크, 그렇게 시작된 여정은 모든 첫사랑이 그렇듯 기쁨과 희망, 놀라움과 두려움의 반복이었다.

지도를 펼쳐놓고 찾아본다면, 어지간히 시간을 들여서도 라다크라는 지명을 발견하기가 쉽지 않다. 세계지도이기 때문인가. 좀 더 범위를 좁혀 인도 지도를 놓고 보아도 마찬가지다. 지도상에서 라다크라는 이름을 찾기란 불가능할지도 모른다. 라다크는 지명이 아니기 때문이다. 라다크라는 말은 10세기 중반, 인도 북부 히말라야의 일부 지역을 지배했던 라다크 왕국의 옛 영토를 중심으로 그곳에 형성돼 있는 독특한 문화권과 그 영향 아래 있는 지역 전체를 아우르는 말이다. 굳이 우리식으로 비유하자면 영남, 호남식의 표현 아닐까.

행정적으로 라다크 지역을 구분할 수 있긴 하다. 인도 최북단, 파키스탄과 아프가니스탄 그리고 중국과 국경을 맞대고 있는 지점. 좀 더 정확히 표현하자면 국경 분쟁으로 아직 국경선을 확정짓지 못하고 있는 '잠무 · 카슈미르 Jammu&Kashmir주'의 동편이 라다크다. 서쪽은 카슈미르 지역, 그 아래는 잠무 지역이니 사실 잠무 · 카슈미르라는 주명칭도 라다크 입장에서는 못마땅할 만하다. 주의 절반 가량이 라다크 지역인데 왜 '라다크'라는 명칭은 쏙 빠졌는가 말이다.

개인적 견해이지만, 낯선 지역을 여행할 때 그곳 사람들의 생활습관과 예절, 그리고 유적 · 유물에 대해 편견이나 오해를 갖지 않으려면 그 지역의 기후와 환경, 그리고 역사에 대한 사전지식이 반드시 있어야 한다. 그들이 살아가는 기후와 환경이 생활문화와 관습, 예절 등을 만들고 그 속에서 유적과 유물들이 태어나기 때문이다. 그러니 라다크로 출발하기 전, 그곳의 기후와 환경, 그들의 역사에 대한 최소한의 정보는 기본이다. 이곳저곳을 뒤지기 시작했고 책과 인터넷 등을 통해 수집된 정보의 조각들을 맞춰가며 나름 라다크에 대한 이해를 쌓아가면서 라다크 기행은 사실상 시작됐다.

라다크 관련 정보를 찾으며 가장 먼저 접한 사실은 해발 3,500미터라는 경이로운 숫자다. 옛 라다크 왕국 수도이자 현재 라다크 중심도시인 레의 해발 고도 역시 3,505미터. 이 숫자는 라다크 지역 전체의 평균 고도이기도 하다. 피부로 느껴지지 않는 이 숫자를 좀 더 실감하기 위해 우리나라의 내로라하는 산들과 비교해봤다. 설악산 1,708미터, 지리산 1,915미터, 남한에서 가장 높다는 한라산 1,950미터. 그럼 우리나라에서 가장 높다는 백두산은? 고작 2,750미터다. 고산병이 나타나기 시작한다는 해발 2,500미터에서도 무려 1,000미터나 훌쩍 더 올라가 버린다. 그러니 우선은 고산병에 대한 준비가 필요하다. 고산병이 나타나면 극심한 두통, 구토와 함께 무기력감, 어지럼증 등이 동반되기 때문에 증상이 완화되기 전까지 정상적인 활동은 불가능하다. 무조건 휴식이 최선의 치료법이며 심할 경우 고도가 낮은 지역으로 내려가는 것이 상책이니 자칫하다가는 일정 전체가 엉망이 될 수도 있다.

해발 3,500미터 하늘 허리에 걸려있는 도시 레Leh로 가는 방법도 고산병과 밀접한 관련이 있다. 레로 들어가는 방법으로는 비행기를 이용한 항공로와 인도의 수도 델리Delhi에서 마날리Manali를 거쳐 가는 육로가 대표적이다. 또 하나는 델리에서 비행기를 이용해 잠무·카슈미르의 주도 스리나가르Srinagar로 간 다음 그곳에서부터 자동차를 이용해 동쪽의 레로 이동하는 방법이다. 당초 이 세 번째 방법을 고려했지만 때마침 스리나가르에서 불거진 이슬람교도들의 독립 시위로 이 지역 전체에 대한 출입 봉쇄, 그리고 출발 한 달여

전에 발생한 사상 유례없는 폭우로 대부분의 도로가 유실돼 이 길은 깨끗이 포기했다. 일정을 감안해 우리가 선택한 방법은 델리에서 레까지 단 1시간여 만에 날아가는 항공로. 가장 손쉽지만 이 방법은 해발 3,500미터를 단박에 오르는, 십중팔구 고산병을 불러올 무모한 선택이었다.

아는 것이 병이라 했던가. 이런저런 정보를 수집할수록 오지에 대한 두려움, 특히 고산병에 대한 걱정은 점점 증폭되어 갔다. 다행히 고산 등반 전문가들을 비롯해 나름 고산에 대해 일가견 있다는 고수들이 여러 가지 예방법을 제시해 놓았다. 약도 있고 민간요법식 예방도 다양하다. 이런 정보들을 한가득 수집해 놓으니 3,500미터의 고산이 발아래 놓인 기분이었다. 물론 이런 자만이 라다크 현지에서 무참히 깨지긴 했지만.

어찌되었든, 고산이라는 두려움에도 불구하고 라다크의 경이로운 자연 풍광과 매혹적인 역사는 여행객 마음을 사로잡기에 부족함이 없다. 라다크 중심도시 레만 해도 그렇다. '하늘도시'라는 낭만적인 별명 앞에 미혹되지 않을 이가 얼마나 되겠는가. 히말라야를 병풍처럼 두르고 하늘로 향한 도시. 옛 왕국 수도답게 비록 반쯤 무너진 왕궁이라도 여전히 위용을 자랑하며 도시를 굽어보고 있는 레의 모습은 한 장의 사진만으로도 이방인 가슴을 설레게 한다. 레는 중앙아시아와 인도를 연결하던 고산지대 교역로의 주요 거점도시였다. 동서를 오가던 카라반들이 레로 모여들었고 라다크 왕국은 그 중심에서 성장하며 번영을 누렸다.

또 라다크는 티베트 고원으로부터 전해진 티베트불교의 원형을 오늘날까지도 잘 보존하고 있어 '작은 티베트'라는 애칭으로도 불린다. 특히 라다키 Ladakhi로 불리는 라다크 사람들의 경이로운 신심은 가슴 벅찬 감동이다.

하지만 라다크의 자연환경은 이런 낭만적인 상념을 한 방에 날려 보낼 만큼 혹독하고 극단적이다. '고갯길의 땅'이라는 뜻의 지명에서 알 수 있듯이 이 지역은 히말라야산맥과 라다크산맥으로 둘러싸인 좁은 고갯길 그 자체다. 고산에 위치한 계곡은 춥고 건조하다. 육로 이동이 가능할 정도로 길이 열리는 시기는 6월부터 9월까지 4개월. 손바닥만 한 여름 한철뿐이다. 이때가 지나면 즐비한 고갯길은 온통 눈으로 뒤덮여 오도 가도 못하게 된다. 겨울철 기온은 영하 40도까지 떨어지고 연중 강수량은 100mm에도 미치지 못한다. 라다크 전체 면적 약 97,000km² 가운데 사람의 거주가 가능한 지역이 고작 0.5%라는 사실은 이러한 라다크의 혹독한 환경을 대변해 준다.

그러나 그 '손바닥만 하다'는 여름 4개월간 라다크의 자연은 비현실적일 만큼 아름답다. 희박한 공기탓에 더 푸르게 빛나는 하늘은 만년설을 짊어지고 끝없이 이어지는 히말라야의 산맥들과 맞닿아 이방인의 눈을 현혹시킨다. 풀 한포기 없이 황량한 산은 숨 막힐 듯 날카로운 영상으로 각인된다. 그곳에서 별처럼 빛나는, 별보다 더 많은 탑과 사원들은 이곳이 붓다의 땅임을, 라다키들의 땅임을 끝없이 일깨워준다.

라다크라 하면 가장 먼저 떠오르는 것은 무엇보다도 '오래된 미래'라는 역설적 표현이다. 언어학자이자, 이제는 세계적인 환경운동가로 활동하고 있는 헬레나 노르베리-호지Helena Norberg-Hodge 여사는 라다크가 세상을 향해 처음 문을 열었던 1975년부터 그들과 함께 살며 그 오래된 세상의 모습과 변화를 기록했다. 호지 여사는 이 기록을 1992년『오래된 미래』라는 저서로 발표했다. 이 책은 전 세계의 많은 사람들에게 미래사회의 희망에 대한 열쇠를 제공하며 세계적인 베스트셀러가 됐다. 호지 여사는 "인류의 미래를 담보해줄 가치, 인간과 자연과의 조화 방법을 우리는 이미 수천 년 전부터 알고 실천해 왔으며 이제 우리의 미래는 그 가치를 재발견하는 데에서 찾아야 한다"는 메시지를 라다크 사람들의 삶과 문화, 그들의 생각을 통해 선명하게 전달했다. 많은 사람들이 이 책을 통해 라다크에 대한 호기심과 동경을 키웠고 오늘날까지도 많은 이들의 기억 속에 라다크라는 이름은 이상향과 맞닿아 있다.

그러다보니 '오래된 미래'는 라다크 여행을 준비하는 이들이 가장 많이 듣는 명제인 동시에 필독서이기도 하다. 그러나 오늘날 사람들은 말한다. 이미 관광객들의 수중에 떨어져버린 지금의 라다크에서, 레에서 오래된 미래를 발견하기란 어려울 것이라고. 하지만 "누구도 그들에게 해야 할 것과 하지 말아야 할 것을 가르치려 해서는 안 된다"는 호지 여사의 말처럼 누구도 그곳에서 원하는 모습만 보고, 원치 않은 모습을 외면하려 해서는 안 될 것이다. 그림동화나 모험소설처럼 아름다운 풍경과 흥미진진한 체험만을 생각한다면 나그네는 해발 3,500미터의 고갯길에서 눈을 잃어버릴지도 모른다.

출발에 앞서 라다크 사진 한 장을 접했다. 눈 시리도록 푸른 하늘이 한량없이 넓은 가슴을 열어 굽이치듯 펼쳐진 땅을 감싸 안고 있었다.

'하늘이 정말로 이 땅을 사랑하는구나.'

사람들에게 내주고 싶지 않아서 하늘 가까이 끌어올리고, 사람들이 이 땅에 욕심을 품지 못하도록 더없이 가혹한 환경을 만든 것은 아닐까. 하지만 라다키들은 하늘만큼 이 땅을 사랑했을 것이다. 이 땅을 사랑하며 이 땅을 자신들의 일부처럼 일궈왔다. 그 거친 환경 속에서 묵묵히 삶을 이어온 사람들, 그들이 지켜온 문화, 그리고 그 속에 살아있는 불교와 그들의 신심. 라다크의 또 다른 속살이다.

라다크에서 돌아온 후 첫사랑처럼 강렬하고 아름다웠던 기억들을 「법보신문」에 '라다크 기행-하늘의 땅, 사람의 땅'이라는 제목으로 1년여 간 연재했다. 일천한 식견과 턱없이 부족한 필력으로 연재를 끌어오다 보니 부족한 내공이 두드러질 뿐이었다. 그럼에도 많은 분들의 도움과 격려로 무사히 연재를 마치고 한 권의 책으로 엮게 되었다. 오직 주변 선연들 공덕이다. 모두에게 감사할 따름이다.

특히 소중한 지면을 할애해준 「법보신문」과 무사히 연재를 마칠 수 있도록 도와준 법보신문 가족들 모두에게 머리 숙여 감사의 인사를 전한다. 연재하는 동안 부족한 글을 읽고 조언과 격려를 보내주신 독자들에게도 감사의 인사를 올린다.

이번 연재가 가능하도록 후원과 응원을 아끼지 않으신 월악산 덕주사 주지 원경 스님, 부족한 글을 엮어 훌륭하게 출판해주신 도피안사 송암 스님, 그리고 라다크 여행을 제안, 현지에서의 버거운 일정을 무사히 이끌어 준 대

라다크의 자연환경은 혹독하다. 사람들의 왕래가 가능한 시기는 1년 중 고작 4개월. 그러나 그 짧은 여름 동안 라다크의 자연은 경이로운 풍광을 펼쳐 보인다.

경여행사 민선예 대표에게도 지면을 통해 다시 한 번 고개 숙여 인사드린다.

무엇보다도 취재와 출장을 핑계로 시도 때도 없이 집을 나가는 아내, 돌아와서는 미안하다는 말 대신 피곤하다며 짜증내는 아내를 묵묵히 받아주는 '내편 황정일' 박사에게 평소 표현하지 못했던 감사와 존경의 마음을 전한다. 숙제 한 번 제대로 봐주지 못하는 엄마를 그래도 "세상에서 가장 사랑한다"며 안아주는 아들 도균에게는 미안함과 함께 무한한 사랑을 보낸다. 모두에게 평화가 깃들길!

길가에서 만난 어린 스님은 이방인에게 스스럼없이 사과 몇 알을 내민다. 그 미소가 라다크의 꽃이다.

차례

구법승 사연 켜켜이 쌓인 설산을 단숨에 넘다

비행기는 오후에 출발하는데, 어제 쌓아놓은 짐 가방은 아침까지도 입을 다물지 못하고 있다. 겨울 점퍼 하나가 문제다. 라다크 여행 시즌의 끝자락인 9월, 이제 곧 겨울이 닥친다고 하지만 아직까지는 분명 여름인데 '1박2일 야외취침'에서나 등장할 법하게 생긴 이 겨울 점퍼를 꼭 가져가야 할까. '여행자에게는 눈썹도 짐이 된다'는 말을 철썩같이 믿고 있는 소심한 여행자에게 두툼한 겨울 점퍼는 도통 내키지 않는 옵션이다. 하지만 현지 기온이 벌써 영하를 오르내린다는 조언에 눈 딱 감고 점퍼를 가방 속에 쑤셔 넣는 것으로 여정은 시작됐다.

가뿐하게 인천공항을 출발한 비행기는 두 시간여 만에 홍콩Hongkong에 도착했다. 인도국적기인 비행기는 홍콩서 1시간 남짓 머무른 후 델리로 간다. 홍콩이 목적지인 사람들이 내리자 기내의 승객은 출발 때의 절반가량만 남았다. 사리 형태의 유니폼을 입은 승무원들은 늘 그렇다는 듯 익숙한 손놀림으로 좌석 시트를 바꾸고, 내린 승객들이 던져놓은 담요를 '탈탈' 털어 정리하더니 태연하게 빗자루를 들고 와 기내 복도를 쓸기 시작한다. 델리가 목적지인 승객들은 비행기에서 내리지도 못하고 기내 가득한 먼지를 꾸역꾸역 마실 수밖에. 하지만 기내에서는 아무런 안내도, 양해도 없다. 물론 불평하는 사람도 없다. 둘러보니 동양인은 몇 안 된다. 이제야 정말 인도로 가는 길이 실감된다.

입과 코를 틀어막았던 손수건을 걷어치우고 창밖을 내다보니 추적추적 비가 내린다. 그런데 그 빗줄기가 심상치 않다. 내리는 양이 점점 더 많아지더니 홍콩에서 인도로 가는 승객들이 다 타고 예정된 출발 시각이 되자 아예 폭우로 바뀐다. 비행기도 그 빗줄기에 기가 질렸는지 출발 시각이 한 시간이나 지났는데도 움직일 생각을 안 한다. 그제서야 나오는 기내 안내방송에서는 "기장의 능력으로 해결할 수 없는 상황"이란다. 승무원을 불러 물어봐도 그냥 기다리란다. 물이라도 한 잔 달라고 했더니, 정말 물만 한 잔 갖다 준다. 비는 아예 양동이로 들이붓는 듯 기세등등하게 쏟아지고 이제는 간간히 번개까지 내리친다.

그렇게 1시간이 더 지나고 나서야 비행기는 마지못한 듯 육중한 몸을 움직이기 시작한다. 이렇게 비가 오고 번개가 치는데 무사히 도착할 수 있을까. 휘청거리는 비행기에 몸을 싣고 델리로 향하는 내내 창밖에서는 허공을 쪼개며 떨어지는 번개의 공포스런 쇼가 계속된다. 예정시각보다 2시간이나 늦게 도착한 한밤중의 델리 공항은 눈이 퀭해진 여행객에게 후텁지근한 첫 인사를 건넨다. 그래도 반갑다, 델리. 안도의 한숨을 내쉬며 지독한 습기가 온몸을 붙잡고 늘어지는 델리공항을 빠져 나온다.

◎── 1시간 30분만에 3,500미터 급상승

델리에서 라다크의 중심도시 레까지는 국내선 항공편을 이용키로 했다. 당초에는 잠무·카슈미르주의 주도인 스리나가르로 간 후 레까지 육로로 이동할 계획이었다. 하지만 현지에 확인해 본 결과 '절대불가' 통보를 받았다. 한 달 전 라다크 지역에 쏟아진 폭우로 스리나가르에서 레로 이어지는 도로 곳곳이 유실됐다고 한다. 어느 곳이 어느 정도 붕괴됐는지 정확히 알 수 없으니 아예 단념하란다. 서울에서부터 현지 소식을 들어 대략 예상은 하고 있었지만 아쉬움이 크다. 결국 델리에서 하루를 머물고 다음날 아침 일찍 레로 향하는 비행기에 올랐다.

아침 6시 델리공항을 출발한 비행기는 북으로 날아간다. 1시간 남짓 지났을까. 대지를 구겨놓은 듯 거칠게 솟아오른 산맥들이 눈 아래로 펼쳐진다. 파미르Pamir고원에서 시작된 라다크의 울타리 히말라야산맥이다. 지평선 멀리 희끗하게 보이는 봉우리들. 설산雪山의 일족답게 흰 눈을 이고 있는 고봉들이 아침 햇살을 받아 반짝이기 시작했다. 나무 한그루 없이 맨살의 바위와 모래를 고스란히 드러내고 있는 산맥들이 낯설다. 살풍경해서 오히려 더 아름답게 보이는 검은 산들을 지나자 멀리 있던 설산 봉우리들이 성큼 다가온다. 희

비행기에서 내려다 본 라다크의 중심도시 레. 시내에서 조금 떨어진 레 외곽은 추수를 끝낸 보리밭이 황금빛 들녘을 이루고 있다. 그 뒤로 펼쳐진 살풍경한 산들은 히말라야산맥의 자락들이다.

끗하게 보이던 설산이 눈 아래 펼쳐지자 뭐라 표현할 수 없는 감정으로 가슴이 먹먹해진다.

히말라야와의 첫 조우. 혜초慧超, 704~787? 스님이 수십일 뱃길을 지나 다시 수만리 길을 걸어 만났을 설산, 수많은 구법승求法僧들이 목숨 걸고 사막을 건너 인도로 오는 길에 마지막 남은 힘을 쥐어짜내며 힘겹게 넘어야 했을 설산, 그리고 달라이 라마Dalai Lama가 티베트 민중을 이끌고 눈물을 삼키며 지나왔을 그 설산이다. 고작 몇 달러와 맞바꾼 비행기 표가 있다는 이유로 무슨 왕이라도 된 듯 이렇게 높은 곳에서 굽어보며 첫 인사를 나누기에는 설산 굽이굽이 쌓여있는 세월과 슬픈 사연들이 너무도 진득하지 않은가. 과연 전생에 무슨 큰 복덕으로 오늘 이 같이 과분한 호사를 누리는가. 아니면 분에 넘치는 오늘의 호사로 인해 그나마 남아있던 쥐꼬리만한 복덕마저 몽땅 탕진해버리는 것은 아닐까. 환희와 두려움으로 뒤범벅된 가슴 울렁임이 스멀스멀 목을 타고 올라온다.

그러나 무심한 비행기는 설산을 단숨에 넘어 서서히 고도를 낮추기 시작한다. 곧이어 황량한 산맥 사이로 마치 사막의 오아시스처럼 둥지를 틀고 있는 푸른 도시가 눈에 들어온다. 라다크의 관문 레다. 주변엔 풀 한 포기, 나무 한 그루 없는 산들이 흑백사진 같지만 그 사이 계곡을 따라 너른 들녘처럼 펼쳐진 보리밭은 가을 추수를 끝내고도 여전히 황금빛이다. 라다크와의 첫 대면인데, 비행기는 서둘러 착륙한다. 그 한가로운 풍경을 여유 있게 감상할 틈도 주지 않는다.

비행기 문이 열리고 승객들은 별다른 시설이랄 것도 없는 공항 활주로 위에 내려선다. 아침 7시 30분. 델리에서 느꼈던 후텁지근한 공기와는 전혀 다른 쌀쌀한 아침 공기가 먼저 콧속을 씻어준다. 기분 좋은 상쾌함, 가슴 깊이 시원한 공기를 흠뻑 들이마시며 활주로를 타박타박 걸어 청사로 향한다. 공항청사라기보다 1층짜리 가건물로 보이는 소박한 청사는 비행기가 내린 활주로보다 약간 높은 언덕 위에 자리하고 있다. 불과 50미터나 될까 싶은 완만한 비탈길을 걸어 올라가는데 갑자기 숨이 턱 막힌다. 몇 걸음 옮기지도 않았는데 입에서 '헉'하는 가쁜 숨소리가 쏟아져 나오기 시작한다. 해발 3,500미터 고산도시의 희박한 공기가 폐부 속으로 스며들어 먼저 인사를 건넨 것이다. 비행기에 몸을 싣고 무려 해발 3,500미터의 고산을 단숨에 올라오는 문명의 이기를 누렸으니 이제 자연이 주는 정직한 대가를 피할 수 없게 됐다. 청사에 들어서자마자 털썩 주저앉는다. 첫 만남 치고는 제법 격렬한 환영이다. 줄레(안녕), 라다크!

비행기에 함께 실려 온 짐은 바퀴 두 개짜리 손수레에 실려 청사 앞에 부려진다. 국내선인데도 공항에서는 간단히 짐을 검색하고 외국인들은 방문 기록서를 작성한다. 하지만 델리 공항에서 보았던 이국적인 얼굴과는 전혀 다른 얼굴(우리와 쏙 빼닮은 둥근 얼굴과 납작한 코, 작은 눈, 그리고 황색 피부의 라다키 여직원)이 "줄레, 줄레"하며 반가운 인사를 건네고 서류작성법을 친절히 도와준다. 낯선 이국의 오지에 덩그러니 떨어졌다는 두려움과 긴장감이 그 환한 미소 한 번에 봄눈처럼 녹아내린다. 그런 이방인의 마음을 눈치 챘는지 직원

은 한 번 더 미소 지으며 손 모아 합장까지 해준다. 그들의 손목에 칭칭 감긴
단주를 보니 오래된 도반을 만난양 안도감에 기운이 솟는다.

공항으로 마중 나온 가이드를 따라 우선 레 시내로 향했다. 지금까지 눈에
익숙했던 콘크리트 건물 대신 흙벽돌로 쌓아올린 야트막한 담장과 집들이
단정하다. 산은 풀 한 포기 없지만 그 위를 뒤덮고 있는 하늘은 빈틈없이 선
명한 푸른빛이어서 산은 외로워 보이지 않는다. 그냥 '파랗다'는 말로는 부족
한 푸른 물이 뚝뚝 떨어질 것 같은 시퍼런 하늘이다.

숙소는 라다크 전통 가옥형태로 이층에는 햇살이 잘 드는 테라스가 있다.
가방을 내려놓기가 무섭게 테라스에 자리 잡고 앉아 홍차, 토스트, 맛살라티
등을 먹어치운다. 허기 때문이 아니다. 고작 이층 계단을 올라왔을 뿐인데 마
치 지진을 만난 듯 휘청거리며 어지럼증이 느껴졌기 때문이다. 전형적인 고
산증세다. 출발하기 전 델리서 고산병 예방약을 먹긴 했지만 갑자기 낮아진
산소 농도에 몸이 적응할 시간 따위는 애초부터 일정표에 없었다. 불과 2시
간여 만에 세상이 바뀐 셈이니 몸이 이 정도로 버텨주는 것만도 다행이다. 체
력이 떨어지면 증세가 더 심해진다고 해서 서둘러 이것저것 챙겨 먹는다. 따
뜻하고 달콤한 차를 몇 잔 들이키고 나니 기분이 훨씬 좋아진다.

◎── 오색 깃발 '타르초'에 실린 발원

그제야 다시 고개 들어 사방을 둘러본다. 옆 건물 옥상에 걸려 있는 오색
깃발 '타르초Tharchog'가 그런 이방인을 보며 재밌다는 듯 바람을 타고 가볍게

숙소 맞은편의 고산 봉우리에는 만년설이 쌓여 있다. 그 위로 펄럭이는 타르초는 얼마나 많은 바람이 읽고 지나갔
는지 벌써 하얗게 퇴색됐다.

나부작거린다. 불보살, 호법신장상, 경전 등을 오색 천에 찍어서 길게 한 줄로 엮어 바람이 잘 부는 곳에 걸어 놓는 이 깃발은 라다크뿐만 아니라 티베트불교가 전해진 곳이라면 어디서나 쉽게 만나볼 수 있는 티베트불교 특유의 신행형태다. 바람이 오가며 그 깃발을 읽으면 부처님 가르침이 바람을 따라 세상 멀리멀리 전해진다는 믿음이 실려 있다. 오가는 바람이 쉼 없이 타르초를 읽다보면 깃발은 조금씩 삭아들고 거기에 새겨진 경전의 말씀과 불보살의 형상들도 깃발을 따라 점점 퇴색된다. 그리하여 종국에는 그 화려한 색과 글, 도상이 흔적도 없이 사라지고 낡고 하얀 천조각만이 나부끼게 되리라. 이 세상에 영원한 것이 없다는 가르침이다. 부처님의 가르침과 불보살의 가피가 바람을 타고 세상 구석구석까지 전해지길 바라는 민초들의 아름다운 발원이 저 타르초에 실려 이곳 레의 평범한 가정집 옥상에서 저렇게 세상을 향해 법향法香을 전하고 있는 것이다. 그래서일까. 지금 가볍게 스쳐가는 이 바람에서 달콤한 향기가 묻어나는 듯하다.

맞은편 설산 봉우리 주변엔 꽤 짙어 보이는 구름이 머물고 있지만 이곳 레의 하늘은 옅은 공기 때문인지 눈을 뜨기 힘들 정도로 밝고 선명하다. 따뜻한 햇살이 가득한 테라스에 앉아 잠시 호흡을 가눈다. 사방이 조용하다. 누군가 그랬다.

"희박한 산소를 아끼기 위해서인지 라다크에서는 큰 소리로 떠들거나 뛰어다니는 사람들이 거의 없습니다. 그들은 반가운 목소리로 인사를 나누지만 결코 목소리를 높이며 떠들거나 다투지는 않습니다. 어쩌면 우리의 귀가 소음에 너무 익숙해져 있어 그들의 일상이 더 조용하게 느껴지는 것일 수도 있겠지만."

그럴지도 모른다. 찢어질 듯 울어대는 시계 알람 소리로 하루를 시작해 자동차, 텔레비전, 핸드폰, 각종 안내방송 등 온갖 소음에 익숙해져 있는 사람들에게 이런 고요함은 오히려 낯설고 어색하다. 하지만 당분간은 이런 고요함에 익숙해져야 할 것이다.

병풍처럼 레를 둘러싸고 있는 히말라야산맥, 하늘과 맞닿아 있는 봉우리들 위로는 벌써 눈이 하얗다. '손바닥만 하다'는 라다크 여름의 끝자락이다.

레 공항 바로 옆에는 라다크의 불교사원인 곰파(Gompa)가 우뚝 솟아있다. 이곳이 티베트불교의 땅임을 일깨워
준다.

라다크 중심도시 레로 가는 항공기에서 내려다 본 히말라야산맥. 멀리 흰눈을 이고 있는 산봉우리들이 히말라야
의 일족임을 말해준다.

문명의 젖줄 따라 라다크는 태어났다

길을 나서기 전 잠깐 회의가 열렸다. 달랑 두 여자가 의기투합해 나선 이번 여정의 리더는 대경여행사 민선예 사장이다. 씩씩한 그가 우리를 안내해줄 가이드와 운전기사에게 대략적인 계획과 방문지를 설명하고 일정을 맞춘다. 현지의 도로 사정은 델리에서 들었던 것에 비해 그리 나쁘지 않은 눈치다. 몇몇 도로가 폭우로 유실돼 도보로 이동해야 하고, 비포장 상태여서 거리에 비해 시간이 오래 걸릴 수도 있다는 점만 감안한다면 큰 문제는 없을 것 같다. 사실 가이드는 도로보다 식당 사정을 더 걱정한다. 레 시내를 벗어나 시골 마을로 들어가면 외국인들의 입맛에 맞을 만한 식당이 많지 않다는 것. 간혹 식당이 아예 없는 지역도 있어 끼니를 해결하기가 쉽지 않다며 우리보다 걱정이다.

"그럼, 여러분은 어떻게 식사를 하나요?"

가이드에게 되물었다.

“아침에 도시락을 싸서 출발하거나 길가 노점 식당에서 국수 등으로 대충 때우죠.”

간단히 해법을 찾았다. 우리도 도시락을 싸거나 노점 식당을 이용하자 했더니 “정말 그렇게 하겠냐”며 몇 번을 되묻는다. 그들 눈에 우리는 분명 이방인이다. 그것도 까탈스럽고 소심해 보이는 동양의 여행객. 그렇게 비춰지고 싶지 않았는데, 이 보이지 않는 거리를 좁히려면 아무래도 시간이 좀 걸릴 것 같다.

◎── **혜초 스님도 라다크의 신심 기록**

차량을 점검하고 이것저것 필요한 짐을 챙기는 동안 라다크에 대해 간단히 복습을 해본다. 라다크는 10세기 초 혼란에 빠진 티베트 제국의 일부 티베트인들이 서쪽으로 이동하며 세운 독립 왕국이었다. 티베트인들이 히말라야 서부에 살던 이란계의 다르드Dard족, 그리고 인도 북부 히말라야산맥 근처에 살던 아리안Aryan계의 몬Mon족을 병합해 건설한 왕국이 바로 라다크다. 라다크 왕국은 그 후 약 900여 년간 번성했고 외세의 침략을 받는 혼란기를 거쳐 지금은 인도의 최북단 잠무·카슈미르주에 편입돼 있다. 이 지역 주민들의 문화나 관습, 종교적 특징은 티베트에 가깝다. 특히 1974년에 이르러서야 처음 외국에 개방된 덕에 라다크의 독특한 전통, 그중 티베트불교의 특징은 정작 티베트보다도 더 잘 보존돼 있다는 것이 학자들 견해다. 라다크의 종교는 티베트불교에 뿌리를 두고 있지만 사실 이 지역에 처음 불교가 전파된 것은 기원전 3세기 아쇼카Asoka, 재위:B.C.273~232왕에 의해서다. 이후 줄곧 불교가 번성했다는 사실은 라다크왕조가 세워지기 한참 전인 720년경 이 지역을 순례한 신라 혜초 스님의 기행문『왕오천축국전』에서도 찾아볼 수 있다.

"가섭미라국현재의 카슈미르지역에서 동북쪽으로 산을 사이에 두고 보름 정도 가면 대발률국과 양동국 그리고 사파자국현재의 레 인근이 있다. 이 세 나라는 모두 토번의 관할 아래에 있는 나라다. 옷 입는 복장과 언어, 풍속이 모두 천축국과 다르다. 이 나라 사람들은 가죽 옷과 모직 옷, 적삼, 가죽신, 바지 등을 입는다. 땅이 좁고 산천이 매우 험하다. 절도 있고 스님들도 있으며 삼보를 공경하고 신봉한다."

땅이 좁고 산천이 험하기는 혜초 스님 순례 당시나 지금이 별반 다르지 않고, 절과 스님들이 있으며 삼보를 공경하기도 변함없다. '10년이면 강산도 변한다'는 말이 이곳 라다크에서는 천 년이 지나도록 통하지 않은 것일까. 하지만 혜초 스님이 오직 두 발에 의지해 걸어간 길을 어찌 오늘에 비할까. 호랑이가 나온다는 라다크의 험준한 고봉준령을 목숨 걸고 넘었을 혜초 스님께서 오늘의 라다크를 보신다면 상전벽해桑田碧海의 감탄사를 내놓으실지도 모른다. 그러니 오늘부터 시작될 여정을 혜초 스님의 순례와 비교하는 것은 언감생심 발칙한 생각이다. 우리를 태우고 갈 자동차가 준비되길 기다리는 이 호사로움 속에서 불쑥 고개 든 맹랑함에 죽비를 내리치며 자리를 털고 일어난다.

레 시내는 후에 둘러보기로 하고 도시 외곽, 북서쪽으로 먼저 방향을 잡았다. 첫 번째 목적지는 바스고Basgo다. 레의 서쪽으로 약 40킬로미터 가량 떨어져 있는 이 작은 마을은 레에 합병되기 전 옛 바스고 왕국의 수도였다. 40킬로미터라는 거리를 우리의 도로 사정으로 가늠해본다면 그리 오래 걸리지 않겠지만 시간을 넉넉히 잡고 출발한다. '고갯길의 땅'이라는 라다크의 지명을 염두에 둔 까닭이다. 하지만 레 주변의 도로만큼은 기대 이상으로 말쑥하게 포장돼 있다. 순식간에 레 시내를 벗어나자 길가엔 건물도, 가로수도 없다. 아무런 장애물이 없는 덕분인지 왕복 2차선의 작은 도로는 제법 고속도로처럼 느껴진다.

외곽으로 나오자 낯선 자연이 그 본색을 드러낸다. 얼룩말처럼 줄무늬를 감고 있는 순도 100% 바위산과 그 아래 펼쳐진 허허벌판은 마치 사막 같고 드문드문 보이는 키 높은 나무들은 그 사막의 오아시스 같다. 사막을 가로지르듯 달려 바위산 사이 계곡을 헤집고 들어가는 이 길은 잠무·카슈미르주의 주도 스리나가르까지 이어지는 라다크의 대동맥이다. 중국에서 출발한 실크로드 상인들이 세계 최고 품질의 모직물인 캐시미어를 찾아 서쪽 카슈미르까지 발길을 재촉했고, 유럽의 상인들 역시 비단을 찾아 동으로, 동으로 이 길을 걸어갔다. 그들의 발자취가 대지 위에 남고 길이 되어 오늘 이렇게 차로 달리는 좋은 시절까지 이어지고 있다.

차갑기보다는 상쾌한 바람을 좀 더 느끼고 싶어 창문을 열었다. 그러자 앞자리의 운전기사가 다급하게 손짓을 한다. 말보다 더 잘 통하는 '바디랭귀지'에 영문도 모르고 수동식 차창을 황급히 돌려 올린다. 왜 그런가 싶어 앞을 보니 트럭 한 대가 옆구리에서 시커먼 연기를 뿜으며 다가오고 있다. 배기가스 배출량을 점검한 지 100년은 됐음직하다. 도대체 저런 매연을 그냥 내

뿜고 다니면 라다크의 파란 하늘이 어떻게 버티겠는가. 대단한 환경론자는 아니지만 불끈, 화가 치밀어 오른다. 하지만 트럭은 검은 매연을 꾸역꾸역 토해버리며 우리 차 옆을 횅하니 지나쳐 버린다. 어쩔 수 없는 노릇이다.

◎── 용광로 같은 인도의 저력 빼닮은 강

반듯한 길이 끝나고 계곡에 접어들자 산허리를 감아 도는 길옆으로 거대한 강이 동행을 시작한다. 세계 4대 문명 발상지 가운데 하나인 인더스Indus 강, 그 초입이다. 인더스 강은 티베트 남서부 해발 4,900미터 지점에서 발원하여 북서쪽으로 히말라야산맥 기슭을 따라 라다크 지역을 가로질러 파키스탄으로 흘러들어간다. 총길이는 무려 2,900킬로미터에 이른다.

교과서에서나 보고 듣던 그 저명한 강과의 만남이 이렇게 허름한 길가에서 퍼뜩 이뤄지니 한동안 실감이 나질 않는다. 허나 명불허전名不虛傳이라더니 인더스 강의 물살, 그 위풍은 가히 보는 이를 압도할 만하다. 바위산 계곡을 거칠 것 없이 휘감으며 얼마나 달려왔는지 물살은 가쁜 숨을 토해내듯 일렁이고, 거침없는 흐름은 사자걸음처럼 당당하다. 라다크의 땅을 닮은 황토빛, 아니 흙빛의 인더스 강. 얼핏 보기엔 걸쭉한 진흙탕처럼 보이지만 조금만 자세히 들여다보면 이 강이 얼마나 빠른 속도로 흐르고 있는지 금방 눈치챌 수 있다. 인더스 강이 시야에 들어오자 가이드 델렉 남갈Deleg Namgyal 군이 드디어 물 만난 고기다.

"인더스 강은 히말라야산맥을 가로지르는, 세계에서 가장 긴 강이죠. 빙하가 녹아서 흐르는 강물은 히말라야의 여러 산맥에서 흘러내린 다른 강들과 합류하면서 잠무·카슈미르 지역을 가로지르는데 그 속도가 엄청 빨라요. 그래서 래프팅을 하기 위해 일부러 이곳을 찾아오는 사람들도 많습니다. 하지만 강에 빠졌다가는 차가운 물 때문에 엄청 고생하죠."

델렉은 신이 난 듯 설명을 계속하지만 우리말을 전혀 못하는 그의 영어를 이해하기 위해 한참동안 신경을 곤두세우며 듣기란 여간 곤혹스러운 게 아니다. 하지만 손짓까지 해가며 열심히 설명하는 모습에선 인더스 강에 대한 자랑스러움이랄까 애정이랄까, 그런 것이 잔뜩 묻어난다. 이 거칠고 메마른 고산의 계곡을 거쳐, 인도 대륙을 가로지른 후 아라비아Arabian해까지 줄기차게 흘러가는 이 장대한 강은 그 자체로 비교할 수 없는 경외의 대상이기에 충분하지 않은가. 또한 이 강을 따라 문명이 꽃을 피웠으니 자부심과 애정을 갖기에 결코 부족함이 없으리라.

티베트 남서쪽 카일라스Kailash에서 발원한 인더스 강은 라다크 산지의 계곡을 따라 북서쪽으로 흐른 후 남쪽으로 방향을 바꿔 파키스탄을 관통한다. 인더스 강 유역은 대부분 연 강수량이 500밀리미터 미만으로 건조하지만 히말라야의 빙하가 녹아 흐르는 인더스 강의 변함없는 수량 덕분에 사람들은 강에 기대어 농사를 짓고 문명을 발달시켜 나갈 수 있었다. 라다크왕국 역시 인더스 강을 따라 자리를 잡고 성장했으니 오늘의 라다크를 키워낸 젖줄 역시 이 인더스 강이라 해도 과언이 아니다. 한동안 강물에 눈길을 고정시킨 채 그 강인한 생명의 힘에 경의를 표한다.

그런데 잠시 후 나그네의 눈앞에 놀라운 풍경이 펼쳐졌다. 바스고 인근 님

인더스 강과 잔스카르 강이 만나는 남부의 합류 지점. 흙빛의 인더스 강과 비취색의 잔스카르 강은 한 줄기가 된 후에도 섞이지 못한 채 한 동안 나란히 흘러간다.

부Nimbu라는 지점에 이르자 인더스 강은 위쪽에서 흘러들어오는 잔스카르 Zanskar 강과 합류를 시작했다. 그런데 잔스카르 강은 마치 옥가루를 풀어 넣은 듯 선명한 비취색이다. 그 빛 고운 강은 계곡을 빠져나오자마자 흙빛의 인더스 강과 만나는데, 이 두 강의 물줄기는 마치 서로의 어깨에 기댄 듯 한동안을 나란히 흘러가는 것이다. 하나의 강에 흐르는 두 색의 강물. 두 물줄기의 색대비가 어찌나 선명한지 마치 강 가운데로 보이지 않는 가로막이라도 놓여있는 듯하다. 라다크산맥을 따라 흐르느라 흙투성이가 된 인더스 강에 비해 잔스카르산맥의 빙하가 녹아 가파른 계곡을 갓 빠져나온 잔스카르 강은 더 맑고 더 차갑다. 이 수온 차이로 인해 두 강은 한줄기가 된 후에도 한동안 섞이지 못한 채 나란히 흘러가는 것이다. 하지만 잔스카르의 차고 푸른 강물은 결국 인더스에 동화되어 님부를 떠날 즈음에는 흙빛의 인더스 강이 되어 있었다.

결코 서두르지 않지만 모든 종교와 사상, 문화를 녹여 결국엔 하나로 만들어버리는 인도의 용광로같은 저력이 바로 이 인더스 강에서 시작하는 것은 아닐까. 난간도 없는 도로 밖은 바로 낭떠러지고 그 아래로 흐르는 인더스 강의 도도함 또한 사뭇 위협적이지만 눈을 뗄 수가 없다.

눈은 강물을 따라 마냥 흐르고자 하지만 길은 잠시 인더스 강과 헤어져 작은 마을로 들어선다. 사막같이 메마른 길 끄트머리에 푸른빛 나무들이 보이기 시작하면 곧 마을이 있다는 뜻이다. 나무와 풀이 살 수 있는 곳이라야 사람도 살 수 있는 곳이 라다크다. 마을 입구에서부터 티베트식 탑 초르텐 Chorten이 반긴다. 길가뿐 아니라 보리밭 한가운데나 가정집 대문 앞 등 사방

바스고에 들어서자 길가 곳곳에 세워진 초르텐이 먼저 눈에 들어온다.

에 초르텐이 서 있다. 이렇다 할 건물도 보이지 않는 작은 시골마을인 바스고
는 한때 왕국의 수도였다. 그런 역사를 웅변하듯 마을 전체가 굽어보이는 산
꼭대기에 그 옛 영화의 흔적을 간직하고 있을 왕궁과 오색 타르초가 바람에
펄럭이며 손짓하고 있다.

레에서 스리나가르까지 이어지는 이 길은 옛 카라반들의 무역로이기도 했다. 지금은 낙타 대신 짐을 잔뜩 실은 화
물트럭들이 검은 배기가스를 토해내며 오간다.

주인 잃은 옛 왕궁엔 금빛 부처님 미소만 가득

"잠깐, 잠깐. 좀 천천히 가자고요. 난 지금 산소가 필요하단 말이에요."

길 아래서 올려다볼 때는 더 없이 멋있었다. 오색 타르초에 쌓여있는 고성固城. 허물어져가는 티베트식 탑 초르텐이 입구를 지키듯 서 있어 더욱 고풍스런 바스고 팔레스Basgo Palace를 바라만 보고 있을 때까지는 말이다. 사실 그리 높지 않다. 숨을 헐떡이면서도 10여 분 남짓이면 올라가기에 충분하다. 그런데 그 10분이 문제다. 바스고 팔레스로 올라가는 길은 달동네 골목 같이 제법 가파른 비탈이다. 한두 걸음 옮길 때마다 숨이 턱턱 막힌다. 다리가 아픈 것도, 몸이 무거운 것도 아닌데 고지대의 희박한 산소 탓에 가슴이 터질 듯 턱밑까지 숨만 차오르니 더 미칠 노릇이다. "I need oxygen!산소가 필요해요!"을 외치며 가이드 발목을 붙잡고 늘어진다. 그런 모양새가 안쓰러운지 잠시 걸음을 멈춘다.

바스고 팔레스는 15세기까지 남부 라다크, 바스고 왕국의 수도였던 제법 유서 깊은 유적이다. 그러나 정작 입구에는 변변한 안내표지판 하나가 없다. 라다크식 흙집 몇 채가 모여 있는 동네 골목길이 바스고 팔레스로 가는 길이다. 그냥 지나쳤으면 이곳에 옛 성과 사찰이 있을 것이라고 눈치채지 못했을 것이다. 초르텐이 서 있기는 하지만 라다크 어느 곳에서나 쉽게 만나볼 수 있는 초르텐이 이정표가 되진 못한다. 성이 자리 잡고 있는 바위산도 어찌나 거칠고 험하게 생겼는지, 도대체 저 위에 집이라는 것을 지을 수 있는지조차 의심스럽다. 그런 바위산 옆을 깎아 만든 길은 돌계단과 바위고개, 흙길의 반복이다. 얼마 전 내린 폭우로 민둥산의 흙이 쓸려 내려간 탓에 길이 더 나빠졌다고 한다.

성에 가까워지자 흙벽돌을 쌓아 만든 옹벽과 계단들이 드문드문 나타난다. 그 너머로 붉은 지붕을 이고 있는 하얀 몸체의 바스고 팔레스가 비로소 온전한 모습을 드러낸다. 성이라고는 하지만 그 위치나 형태는 사실상 요새에 가깝다. 그나마 왕이 살지 않는 성은 지금 사찰로만 사용된다. 17세기경 전성기를 맞이한 라다크 왕국의 셍게 남걀Sengge Namgyal왕은 바스고 팔레스에 법당을 만들고 돌아가신 아버지를 위해 불상을 조성했다. 불상은 대포를 녹여 만든 구리 쇳물에 금을 넣어 조성했다. 그래서 이 법당은 지금도 '금과 구리'라는 뜻의 '세르장Serzang'이라 불린다.

'금과 구리'라는 견고한 이름과는 달리 정작 성은 심하게 허물어지고 있다. 일부는 마치 폐허같이 보인다. 진흙과 진흙벽돌로만 지어진 성이 세월의

바스고 팔레스. 하얀 몸체에 붉은 지붕이 대조를 이루고 있는 바스고 팔레스는 그 위치나 형태가 사실상 요새에 가깝다. 그러나 지금은 멈추지 않는 바람과 약간의 비에도 쉽게 허물어지는 주인 잃은 진흙 벽돌 왕궁이다.

바스고 팔레스에서 내려다본 전경. 성을 닮아가기라도 하는지 허물어질 듯 위태로워 보이는 집들과 그 너머의 황금빛 보리밭이 묘한 대조를 이루고 있다.

무게를 감당하기란 버거웠을 것이다. 미국의 한 문화재보호단체는 이 성을 '허물어지기 전에 보호해야 할 세계100대 문화유적'으로 선정했다. 덕분에 보수공사도 이뤄졌다지만 별다른 효과는 없어 보인다.

바스고 팔레스에는 두 개의 법당이 있다. 세르장이 있는 이곳에서 좀 더 산 위로 올라가면 참바라캉 법당이 있는데 이곳에는 세르장의 부처님보다 더 큰 미륵부처님이 모셔져 있다고 한다. 하지만 일반에는 공개가 되지 않는다. 앞의 작은 법당만 보기로 하고 입구로 들어선다.

작은 문을 통과해 무척 오래돼 보이는 나무기둥이 천장을 받치고 있는 터널 같은 계단을 몇 개 오르니 바로 성 안이다. 사람이 살 것 같지는 않지만 아래로 마을과 보리밭이 한눈에 들어온다. 험한 바위산에 오르는 수고를 기꺼이 감내할 만큼 아름다운 전망이다.

빙 둘러가며 타르초가 걸려 있고 가운데에는 하늘을 향해 우뚝 세워놓은 나무기둥에 '룽다Lungdar'가 걸려 있다. 마치 타르초와 경쟁하듯 펄럭인다. 타르초와 마찬가지로 경전이나 호법신장상, 불보살상 등의 경판을 찍어 만든 오색 깃발 룽다는 '바람의 말〔風馬〕'이라는 뜻인데 기둥에 매놓은 오색천이 바람에 나부끼는 모양이 마치 앞발을 들고 선 말의 형상과 비슷해 붙여진 이름이다. 오색천은 위에서부터 청, 백, 적, 녹, 황색의 순서로 걸리는데 각각 하늘, 구름, 불, 물, 땅을 상징한다. 간혹 다섯 색의 긴 천을 세로로 길게 매놓은 룽다도 있다. 이곳의 룽다가 그렇다. 룽다를 세우는 이유도 타르초와 비슷하다. 바람을 타고 부처님의 말씀과 가피가 세상 멀리, 구석구석까지 전해지길 바라는 마음이다. 그 마음을 알고 있는 바람이 경쟁하듯 타르초와 룽다를 읽는다. 성 안은 독경 같은 바람소리만 간간히 들릴 뿐 사방이 조용하다.

그 정적을 깨며 한 노인이 법당 뒤쪽에서 걸어 나온다. 집주인인양 한껏 여유 있는 걸음으로 천천히 계단을 내려온 노인은 우리를 향해 옅은 미소를 지어 보인다. 잠시 걸음을 멈추는가 싶었는데 이내 안으로 발길을 돌린다. 이 성에 사람이 살고 있다는 뜻인가. 궁금증에 노인의 뒤를 따른다.

세월에 닳고 닳아 조금 무뎌지고 빛이 바라긴 했지만 섬세한 조각과 화려한 채색의 흔적이 역력한 나무문을 열고 안으로 들어가니 바스고 팔레스의 법당 세르장이다. 그러고 보니 이 자리가 바스고 팔레스의 중심부에 해당한다.

◎── 세월과 함께 고성을 닮아가는 노인

법당 정면에는 의자에 앉아계신, 높이 10여 미터의 미륵부처님이 모셔져 있다. 그 크기가 너무 커 정면에서는 부처님의 가슴까지만 보이고 상호는 천장에 가려 보이지 않는다. 부처님 앞으로 가까이 다가가보니 천장 높이보다 큰 불상을 모시기 위해 불단 위 지붕이 굴뚝처럼 솟아있다. 굴뚝같은 지붕엔 창을 내 부처님 상호 위로 햇빛이 든다. 환한 얼굴의 부처님께서는 광창을 통해 밖을 내다보고 계신다. 법당 천장 가운데에도 창문이 있어 법당 안은 별다른 조명이 없어도 그리 어둡지 않다. 법당 벽을 따라 경전을 넣어 둔 책장이 놓여 있고 벽에는 불화들로 빈틈없다. 우리나라와는 달리 이곳 부처님은 비단 법의를 입고 계신다. 보관도 비단으로 장식돼 있어 화려하다. 금빛의 미륵부처님은 터키석으로 장식된 영락으로 치장돼 있어 더욱 장엄해 보인다. 그

비스고 팔레스 법당인 세르장의 부처님. 17세기 라다크 왕국의 셍게 남걀왕은 이 부처님을 조성하기 위해 왕국의
대포를 녹였다

앞에서 삼배를 하며 이번 여정의 안전을 기원한다.

참배를 마치고 돌아보니 아까 그 노인이 입구에 서 있다. 그러고 보니 저 분이 이곳 법당 관리인이다. 스님 대신 법당을 지키고 있는 노인은 참배가 끝날 때를 기다렸다가 먼저 묻는다. 어디에서 왔는지, 어디로 가는지 등등. 이런저런 이야기를 한동안 나누었지만 시간이 더 이상의 여유를 허락하지 않는다. 법당을 나오기 전 불단에 약간의 보시를 했다. 노인은 편안한 여행길이 되길 바란다며 법당 밖까지 우리를 마중 나온다. 아마 인적 드문 이곳에서 오랜만에 만난 외지인들이 많이 반가웠나보다.

대포를 녹여 만든 부처님, 허물어져 가는 고성. 인적 드문 옛 성에서 하루 종일 부처님을 시봉하며 세월과 함께 고성을 닮아가는 노인. 행복한 미소로 이방인들의 가는 길을 배웅해주는 저 어르신의 미소를 보며 라다크 어느 길가에 우리가 서 있음을 새삼 깨닫는다. 때마침 불어온 바람이 타르초를 큰소리로 읽고 가는지 '휘휘' 바람 소리가 뒤를 배웅한다.

"가족과 떨어져 있지만 부처님 곁이라 행복"

_세르장의 관리인 나왕 초스펠 씨

"아들 셋, 딸 넷을 뒀는데 그중 한 아들이 출가해 스님이 됐어요.
스물세 살인데 우리 집안의 자랑이죠."
바스고 팔레스의 법당 세르장을 관리하는 노인은 올해 65세의
나왕 초스펠 씨다. 대부분의 라다키들이 그러하듯 초스펠 씨의
검게 그을린 얼굴에는 깊게 패였지만 미소로 만들어진 주름이
가득하다. 억세 보이는 손과 다부진 체격은 초스펠 씨가
농부출신임을 말해준다.
세르장에는 기거하는 스님이 없다. 우리나라 사찰과 마찬가지로
3년마다 한 번씩 주지스님이 지정되지만 스님은 아침에만 찾아와
예불을 한다. 마을 사람들의 부탁을 받아 기도나 축원을 해주느라
이곳저곳을 돌아다녀야 하기 때문에 스님이 절에 오래
머물러있기는 힘들다고 한다. 덕분에 초스펠 씨가 하루 종일
이곳에서 생활하며 등을 밝히고 향을 피우며 법당을 관리한다.
3년 전부터 시작한 자원봉사다.
"젊어서는 마을에서 농사를 짓고 가족과 함께 지냈지만 이제 농사는

바스고 팔레스를 관리하는 나왕 초스펠 씨. 검게 그을린 얼굴과 다부진 손을 지닌 그는 농부 출신이다.
이제는 바스고 팔레스를 돌보느라 가족과 떨어져 지내지만 "부처님이 곁에 계셔 외롭지 않다"며 미소지
어 보인다.

자식들에게 물려주고 요즘은 세르장을 관리하며 이곳에서 지낸다"는

초스펠 씨. 집이 바스고 팔레스에서 멀지 않지만 오가기가 번거로워

아예 성안의 작은 방 하나를 내어 생활하고 있다.

사실상 성주인 셈이다.

찾아오는 이라야 하루에 한두 팀, 아예 없는 날도 많다. 물론 라다크

관광시즌인 여름동안엔 제법 많은 사람들이 올 때도 있지만 여름의

끄트머리에 가까워질수록 발길은 눈에 띄게 줄어든다. 그렇게
인적이 드문 날이면 하루 종일 경을 읽거나 염주를 돌린다. 그러다
사람들 왕래가 뚝 끊기는 겨울이 되면 초스펠 씨도 집으로 돌아간다.
가족과 떨어져 혼자 지내야 하는 생활, 적지 않은 나이에 직접
식사를 챙기고 법당 안팎을 관리하며 언제 올지 모르는 참배객을
기다리는 일상이 버겁지 않을까.
"가족과 떨어져 있는 것이 좋을 리 있나요. 하지만 언젠가는
헤어져야 하는 것이 가족이고 이곳엔 부처님이 계시니 외롭지
않습니다. 이렇게 찾아오는 참배객들을 안내하는 것이 지금의
내 일입니다."
이제 한 달여 후면 집으로 돌아간다는 초스펠 씨. 거의 5개월 여
만에 돌아가게 될 그가 가족들과 함께 추운겨울을
따뜻하게 보내고 다시 여름이 시작될 무렵 변함없이 세르장의
부처님과 함께 하길 기원한다.

소박함 속에 더 빛나는 천년 역사의 아름다움

여름의 끝자락, 라다크의 날씨는 변화무쌍하다. 푸른 하늘이 눈부신가 싶다가도 어디서 몰려왔는지 순식간에 구름이 뒤덮는다. 금방 비가 쏟아질까 싶어 걸음을 재촉하다보면 또다시 햇살이 얼굴을 내민다. 그러니 서두르는 것도, 시간을 지체하는 것도 모두 소용없는 일임을 깨닫기까지는 오랜 시간이 걸리지 않는다.

아직 그 사실을 깨닫기 전, 꾸물꾸물 흐려지는 날씨에 비라도 올까싶어 걸음을 재촉하는데 길 맞은편에서 할머니 한 분이 이쪽으로 걸어온다. 소박한 옷차림에 지팡이를 짚은 할머니에게 "줄레"하며 인사를 건네자 할머니는 "줄레, 줄레, 줄레"하며 세 배로 반갑게 화답한다. 머릿수건으로 백발을 감싼 할머니는 산호색 염주와 목걸이, 팔찌를 두르고 나무 지팡이를 짚고 있다. "이 동네에 사시느냐" 물었더니 손으로 길 건너편을 가리킨다. 동네로 마실 나온 할머니는 손에서 염주를 놓지 않고 있다. 하루 종일 들고 다니는 할머니의 염주는 반질반질 윤이 난다. 얼마나 염주를 많이 돌렸는지 엄지손톱이 염주알 지나간 자국으로 동그랗게 닳아 있다. 할머니의 손을 가리키며 빙긋 웃으니 할머니가 염주를 들어 보인다. 그러면서 내 손목에 있는 단주를 가리킨다. '자네에게도 염주가 있지 않은가. 손목에 두르고 있지만 말고 틈틈이 돌리며 기도하라'는 말씀이 저 미소 속에 들어 있다. 내 짧은 영어와 더 짧은 할머니의 영어가 도통 접점을 찾지 못하니 긴 대화는 불가능하지만 그 미소 한 번이면 충분하다.

라다키들의 손은 늘 부지런하다. 거친 땅을 일구고 야크Yak를 돌보기에도 하루가 부족하지만 조금이라도 틈이 날 때면 염주를 헤아리거나 마니차Mani Wheel를 돌린다. 마니차는 아기들이 갖고 노는 딸랑이처럼 작은 것에서부터 사원 한쪽 벽에 쭉 늘어서 있는 팔뚝만한 크기의 것, 장정 한 명이 수레를 끌듯 힘껏 밀어야 할 만큼 큰 것도 있다. 마니차 안에는 경전이 들어있는데 한 번 돌릴 때마다 그 안의 경전을 한 번 읽는 것과 같은 공덕이 있다고 한다.

할머니와 잠시 이야기를 나누는 동안 구름도 저 멀리 가버렸다. 길에서의 만남은 짧아서 아쉽지만 그만큼 오랜 여운으로 남는다. 길 아래로 발걸음을 돌리는 할머니에게 처음 만날 때처럼 "줄레" 인사를 남기고 다시 서쪽으로 길을 재촉한다. 할머니와의 짧은 만남이 손안에 향기처럼 남았는지 어느 순

길가에서 만난 라다키 할머니는 반질반질 윤이 나는 염주를 들고 있다.

간부터 손가락이 염주를 헤아리고 있다.

　목적지는 리키르Likir곰파다. 곰파Gompa란 사찰을 지칭하는 라다크 말이다. 리키르는 곰파의 이름이기도 하지만 그 자체가 마을의 명칭이다. 리키르곰 파로 가는 길은 큰길에서 벗어나 라다크산맥 속으로 파고드는 작은 도로를 따라 한 시간 가량 이어진다. 길이 끝나가는 곳, 리키르곰파는 산 중턱이나 꼭대기에 세워져 있는 라다크의 다른 곰파들에 비해 비교적 야트막한 언덕 위에 자리하고 있어 마을의 일부처럼 보인다. 그럼에도 멀리서부터 저곳이

리키르곰파로 가는 길. 멀리서도 높이 25미터의 미륵대불이 눈에 띄어 저곳이 곰파임을 쉽게 알 수 있다.

곰파임을 단박에 알아차릴 수 있는 이유는 높이 25미터에 달하는 미륵불이 우뚝 솟아 있기 때문이다.

멀리서 봤을 때는 완만한 언덕이었는데, 가까이 다가갈수록 길은 제법 비탈진 산 위로 이어진다. 차도 숨이 차는지 쿨럭거리며 힘겹게 길을 오르는데 혼자서 이 언덕을 걸어 올라가는 이가 있다. 모자를 푹 눌러쓴 서양인 남성은 제법 묵직해 보이는 배낭을 짊어지고 천천히 걸음을 옮기고 있다. 도대체 저 사람은 어디서부터 저렇게 걸어오는 것일까. 가늠하기 어렵다. 목적지는 우리와 같은 듯하다. 그의 묵묵한 발걸음과 체력에 무한한 존경심을 보내는 사이 차는 앞질러 먼저 곰파 앞에 도착했다. 차에서 내리며 알 수 없는 미안함에 그가 어디쯤 왔는지 길 아래를 살피지만 보이질 않는다.

리키르라는 이름으로 널리 알려져 있는 곰파의 정식 명칭은 클루킬Klukhil 이다. 전설에 따르면 이 곰파는 둥지를 틀고 있는 두 마리의 용 사이에 세워졌다고 한다. 지형에서 유래된 이야기인 듯 싶은데 눈으로는 확인할 수가 없다. 클루킬은 '물의 정령'이라는 뜻으로 발음하기도 힘들 만큼 긴 곰파의 정식 명칭에는 '물의 정령이 머무는 구역'이라는 뜻이 담겨 있다. 꽤나 멋있는 이름이지만 안내책자나 표지판 등에서는 리키르곰파로 통용되고 있다.

리키르곰파는 라다크 왕조의 다섯 번째 왕 라첸 갈포Lhachen Gyalpo, 1100~1125 의 통치 시기 티베트 스님 두왕 초제Duwang Chosje에 의해 건립됐다. 티베트 스

리키르곰파 내부. 소박해 보이는 곰파 구석구석엔 정교한 아름다움이 숨어 있다.

님이 라다크에 건립한 최초의 곰파다. 그러나 초기에 세워진 곰파는 화재로 소실되고 지금 남아있는 건물은 약 200여 년 전에 재건된 것이다. 달라이 라마가 이끄는 겔룩파Gelukpa, 황모파 계열로 라다크에서 가장 왕성한 활동을 펼치고 있는 곰파 가운데 하나로 손꼽힌다. 특히 이곳의 주지 스님은 달라이 라마의 동생인 가리 린포체Ngari Rinpoche란다. 비록 이곳에 상주하지는 않지만 중요한 법회가 있는 날에는 가리 린포체가 꼭 참석한다니 곰파의 위상을 가늠할 만하다.

라다크의 곰파들은 대부분 산꼭대기나 비탈에 층층이 세워져 있어 건물들은 미로처럼 얽혀있는 복잡한 계단들로 연결된다. 건물 1층에서 두세 층 계단을 오르면 뒤편 건물의 1층이 다시 시작된다. 건물과 건물 사이 거미줄처럼 얽혀있는 계단을 오르내리다 보면 곰파라기보다는 달동네의 좁은 골목길 사이를 돌아다니는 기분이다. 역사가 천년이나 되는 곰파라는데, 기대가 컸던 것인지 평범한 첫 인상에 슬며시 실망감이 든다.

그렇게 몇 개의 계단과 골목 사이를 빠져 나와 듀캉Dukhang으로 불리는 곰파의 중심법당으로 들어갔다. 경 읽는 소리가 음악소리처럼 울리는 법당 안에는 석가모니부처님과 미륵부처님, 겔룩파의 시조 총카파Tsonkhapa상이 조성돼 있다. 총카파는 14, 15세기 티베트불교의 개혁자로 현교와 밀교를 융합, 황모파로 불리는 겔룩파의 개조가 되었다. 우리에게는『보리도차제론』의 저자로도 널리 알려져 있다.

불단에 참배하고 돌아보니 법당에는 경상과 좌복이 줄지어 놓여 있다. 그런데 자세히 보니 경을 읽고 계신 스님은 한 명뿐, 좌복 위에 앉아 있는 것은 스님이 아니라 스님들의 가사다. 마치 가부좌를 틀고 있는 듯 고깔 모양으로 놓여 있는 가사가 어둑한 법당 안에서 좌선에 든 스님들처럼 보인다. 독경 소리의 주인공인 '진짜 스님'은 독경삼매에 들었는지 법당 이곳저곳을 돌아다니는 이방인에게 크게 신경 쓰지 않는 눈치다.

덕분에 용기를 내어 불단 앞으로 가까이 다가가 본다. 경전을 넣어 둔 장식장의 유리문에 낯익은 사진 몇 장이 붙어 있다. 달라이 라마다. 언제쯤 촬영한 것인지는 모르겠지만 소(혹은 야크인 듯)를 타고 있는 달라이 라마의 젊은 시절

듀캉이라 불리는 법당 내부엔 스님 대신 스님들 가사가 좌복 위에 앉아 있다.

과 더 오래전에 촬영한 것으로 보이는 흑백 사진 등이다. 불단 중앙에도 달라이 라마의 사진이 봉안돼 있다. 리키르곰파가 겔룩파 계열이기도 하지만 라다키들에게 달라이 라마는 살아있는 부처님과 다를 바 없다. 달라이 라마는 매년 수차례 라다크 지역을 방문해 법문을 하는데 달라이 라마의 법석이 열릴 때는 라다크 전역에서 사람들이 모여들어 그야말로 '야단법석'이 펼쳐진다고 한다. 그 장엄한 현장에 동참해 보지 못하는 것이 아쉬울 따름이다.

곰파에는 작은 박물관도 있다. 한 개 층에 꾸며져 있는 박물관에는 곰파의 역사를 알려주듯 꽤 많은 유물들이 전시돼 있다. 특히 티베트의 불화인 탕카 Thanka는 연대를 가늠하기 힘들 정도로 오래돼 보이는 것부터 비교적 근래에 제작된 것까지 다양하다. 활과 칼 등 옛 무기도 있고 다양한 불구도 눈길을

불단 위를 비롯해 법당 안 여러 곳에 달라이 라마의 사진이 놓여 있다.

끝지만 가장 흥미로운 유물은 가면이다. 대부분의 가면들은 험악한 인상에 해골 등 섬뜩한 장식들로 치장돼 있다. 티베트력으로 12월에 열리는 축제 때 스님들이 가면을 쓰고 악귀를 쫓는 춤을 춘다고 한다. 그러니 저렇게 무서운 얼굴 뒤에는 사람들을 향한 따뜻한 마음이 숨어 있는 셈이다.

법당 참배를 마치고 밖으로 나오니 오는 길에 보았던 외국인 남성이 마당으로 들어서고 있다. 제법 힘이 들었는지 법당 계단 밑에 배낭을 내려놓고는 털썩 주저앉더니 가방에서 도시락 봉투와 물병을 꺼내 간단한 점심을 먹는다. 빵과 비스킷 몇 조각이 식사의 전부다. 그가 얼마나 오랫동안 걸어서 이곳에 왔는지는 아무도 모른다. 천여 년의 시간이 흐르는 동안 리키르곰파를 다녀간 수많은 수행자들과 순례객들처럼 그의 발자국 역시 세월의 바람에

리키르곰파를 굽어보고 계신 미륵부처님. 높이가 25미터에 달해 멀리서도 눈에 띈다.

흩어져 사라질 것이다. 하지만 곰파를 향하던 그의 묵묵한 시간과 단출한 식사는 오랜 역사를 간직하고 있는 소박한 이 곰파와 참 잘 어울리는 풍경으로 기억될 것이다.

현재 리키르곰파에는 100여 명의 스님들이 수행하고 있다. 하지만 법당에서 경을 읽고 있던 스님 외에는 한 명도 보이지 않는다. 이상하다 싶었는데 그러고보니 벌써 점심시간이다. 스님들도 모두 공양 중이라 한 명도 보이지 않은 것이다.

텅 빈 듯 조용한 곰파를 천천히 거닌다. 처음에는 보이지 않았던 곰파의 아름다움들이 비로소 눈에 들어오기 시작한다. 창문에는 섬세하게 조각된 문틀 위로 나무 조각을 짜 맞춰 멋을 낸 장식들이 얹혀 있다. 마치 우리 전통 목조건물의 다포양식 같다. 곰파를 지탱하고 있는 나무 기둥 위에도 우리의 단청과 비슷해 보이는 여러 길상문양들을 수놓듯 그려 놓았다. 하얀색으로 칠해져 있는 곰파의 바깥쪽 벽과는 달리 안쪽 벽엔 구석구석 벽화들이 빈틈없다. 부처님의 생애부터 티베트불교의 역사, 부처님의 제자들과 여러 수행자들의 모습 등 벽화의 주제는 끝이 없다. 사원 구석의 등공양 자리엔 손바닥만한 등잔에 누군가 켜 놓은 기름등이 작은 불빛을 내고 있다. 화려하지는 않지만 소박한 장식과 정성스러운 공양의 흔적들이 곰파 구석구석에 보석같이 박혀 있다. 라다크의 아름다움이 바로 이런 것인가. 평범한 첫 인상이 주었던 실망감은 벌써 까마득히 잊어버리고 보물찾기 하듯 곰파 여기저기를 살펴보며 혼자만의 즐거움에 빠져본다. 곰파를 굽어보고 있는 높이 25미터의 미륵부처님이 그런 모습을 바라보고 계신 줄도 모른 채.

이방인에게 보내는 미소, 거친 땅 수놓은 아름다운 꽃

우선, 이번 목적지인 리종Ridzong곰파에 대한 설명을 먼저 좀 해야겠다. 왜 이곳을 꼭 들러야 하는지, 목적이 뚜렷하지 않고서는 굳이 발길이 떨어지지 않기 때문이다. 리종곰파는 레에서 서쪽으로 70킬로미터 떨어진 리종마을에 위치하고 있다. 지역의 이름을 따서 리종곰파라 부른다. 하지만 사원을 부르는 또 다른 별칭은 '수행의 낙원'. 동시에 엄격한 규율과 규범으로도 유명하다.

리종곰파는 1831년 출팀 님마Tsultim Nima 스님에 의해 세워졌다. 험준한 바위산이 요새처럼 둘러쳐져 있는 이 협곡의 바위동굴에서 3년간 폐문한 채 정진하던 님마 스님의 수행이 알려지면서 스님들과 신자들이 모여들었다. 라다크의 왕과 왕비까지 직접 이곳을 방문, 수행처 건립을 후원했다. 그렇게 해서 탄생한 도량이 바로 리종곰파다. 지금도 리종곰파의 법당 안에는 출팀 님

식막한 협곡의 거친 길을 걸어서 오가는 솜마들은 오랜 진구를 대하듯 이방인과의 동행을 흔쾌히 허락해 주었다.

마 스님이 3년간 머물며 정진했다는 1평 남짓한 동굴이 보존돼 있다.

그러나 리종곰파가 세워지기 전부터 이 지역은 유서 깊은 수행처였다. 구루 린포체Guru Rinpoche로 불리는 파드마삼바바Padmasambhava를 비롯해 수많은 스님들이 이곳의 바위 동굴에서 수행했다고 전해지고 있다. 그런 오랜 역사에 걸맞게 리종곰파에는 지금도 엄격한 수행의 전통이 이어지고 있다. 특히 출팀 님마 스님은 철저하게 율장에 따르는 생활을 강조했는데 지금도 그 전통은 생생하다. 스님들은 아플 때를 제외하고는 사원 밖으로 외출할 수 없으며 편안한 잠자리를 위한 침대나 침구 등도 제공되지 않는다. 스님들은 여자 형제를 포함해 여성들이 손댄 그 어떤 물건과도 접촉할 수 없으며 일출부터 일몰 때까지 물을 떠올 때를 제외하고는 자신들의 방을 떠나지 않는다. 개인이 소유할 수 있는 것은 바늘뿐이며 사원으로 들어온 보시는 무엇이든 모든 스님들에게 공평하게 나눠진다. 방안에서는 불을 켤 수도 없고 여자는 사원에서 절대 머물 수 없다.

이렇게 엄격한 규범에 따라 수행하는 도량이 바로 리종곰파다. 그러니 절대 지나칠 수 없다. 도로 붕괴로 차량출입이 불가능해 비포장 길을 1시간 이상 걸어야 하더라도. 문제는 시간과 날씨다.

리종곰파로 이어지는 길 입구에 도착하니 벌써 오후 3시30분. 6시 즈음 해가 지니 시간이 좀 빠듯하긴 하지만 불가능하진 않다. 그보다는 날씨가 더 불안하다.

"아무래도 우리가 비를 몰고 다니는 것 같아."

불길한 예감은 늘 적중하는 법이다. 벌써 하향곡선을 그리기 시작한 태양

어엿한 수행자이지만 아직은 애티가 가득한 10대의 소녀 촘마들. 카메라 앞에서 제법 폼을 잡아 보이더니 자지러지게 웃음을 터뜨린다.

보다 꾸물꾸물한 날씨가 더 마음을 바쁘게 한다. 해가 지고 나면 기온이 급속히 떨어질 것이다. 비까지 온다면 그야말로 난감한 상황이다. 구름이 잔뜩 몰려들기 시작한 하늘을 원망스럽게 바라보며 리종곰파로 이어지는 작은 도로 입구에서 차를 내린다. 입구에는 일주문 같은 것을 짓고 있는지 길을 꽉 막고 공사 중이다. 우회도로도 없이 이렇게 길을 막은 채 공사를 하는 것이 도무지 이해가 되질 않는다. 하지만 어찌하리. 가벼운 트레킹 기회가 생겼다고 좋게 생각하며 배낭에 물과 카메라 등 간단한 짐만 꾸려 출발한다.

　그런데 그냥 평범하고 조금은 지루할 것 같던 도보길에 동행이 있다. 200

미터쯤 전방에 꼬마 스님 다섯 명이 올망졸망 무리를 지어 가고 있는 것이다. 스님들도 우리를 보았는지 뒤를 힐끔거리며 간간이 웃음을 터뜨린다. 자세히 보니 촘마라 불리는 사미니 스님들이다. 상자 하나와 보따리 몇 개를 서로 번갈아가며 들고 간다. 제법 묵직해 보인다. 걸음을 조금만 빨리하면 따라잡을 것 같다. 얼마 되지 않아 촘마들과 나란히 걷게 됐다.

가까이서 보니 멀리서 보았던 것보다 더 어린 스님들이다. 말끔히 삭발한 머리에 붉은 티베트식 가사까지 갖추었지만 티베트불교의 전통이 이어지고 있는 라다크에서 이들은 비구니가 아닌 여성수행자[Nun] 신분이다. 하지만 그보다는 그냥 해맑은 아이들로 보인다. 가장 나이가 많은 암만Amman 스님은 열일곱 살. 가장 어린 라모Lamo 스님은 열 살. 촘마들은 큰길가의 상점에서 국수와 사과 등 먹을거리를 사가는 길이다. 인사를 건네며 슬쩍 길동무를 자청해 본다. 이방인을 전혀 낯설어하지 않는 촘마들은 상자 속에서 사과 몇 알을 꺼내 불쑥 내민다. 처음 보는 이에게 스스럼없이 내미는 작은 손. 또 다른 라다크식 인사 같아 고마운 마음으로 받아든다. 그러나 우리 배낭 속에 든 것이라고는 물 한 병뿐. 그 흔한 사탕 하나 때마침 없으니 미안하다. 가장 연장자인 암만 스님은 가장 무거운 상자를 자신이 들고 가려 하지만 나이 어린 도반들이 이를 가만 두지 않는다. 서로 자기가 들겠다며 상자가 이 손 저 손으로 오가길 몇 차례, 허술해 보이던 종이 상자는 결국 밑이 찢어지고 말았다. 길가에 와르르 쏟아진 사과가 이리저리 굴러가는데 뭐가 그리 재밌는지 촘마들의 웃음소리가 계곡에 가득하다.

촘마들이 생활하고 있는 출리찬수도원Chulichan Nunnery까지는 40분 거리다.

아직 어린 촘마들은 영어를 잘 못하지만 가장 연장자인 암만 스님은 간단한 대화가 가능하다. 그런데 수줍음이 많은지 무엇을 물어보든 얼굴부터 빨개진다. 한창 부끄러움 많은 열일곱 살 아닌가. 그래도 가장 무거운 상자를 끝까지 책임지는 암만 스님의 모습에선 제법 어엿한 수행자의 태가 묻어난다. 갑자기 막내 라모 스님이 나를 빤히 쳐다보더니 노래할 줄 아냐고 묻는다. 제법 진지한 표정을 보니 불끈 용기가 솟는다. 아직 고산 적응이 되지 않은 탓에 그냥 걷기에도 숨이 차지만 되도 않는 노래를 목청껏 불러본다. 그야말로 고래고래. 그래도 끝까지 들어주는 촘마들이 고맙다. 좁은 협곡, 거대한 공룡뼈 화석처럼 쭉쭉 뻗어있는 바위산이 사방을 에워싼 삭막한 산길에서 어린 스님들의 붉은 가사가 바람에 나부끼며 꽃처럼 계곡을 수놓고 있다. 해맑은 웃음소리가 향기처럼 퍼지는 사이 어느덧 40여 분이 후딱 지나 출리찬수 도원 앞에 도착했다.

지금까지 걸어온 삭막한 계곡과 달리 수도원은 울창한 숲이 포근히 감싸고 있다. 촘마들은 숲속 수도원을 가리키며 내 손을 잡아끈다. 안에 들어가서 차 한 잔 마시고 가란다. 숨도 차고 어지러워 그들의 초대에 응하고 싶은 마음이 굴뚝같다. 하지만 걸음을 멈추기엔 시간이 촉박하다. 고마운 마음과 미안한 마음을 담아 수도원 입구에서 아쉬운 작별을 하고 목적지 리종곰파로 발길을 재촉한다.

먼 동쪽 '코리아'라는 나라에서 온 이방인과의 이 짧은 동행이 어린 촘마들의 기억 속에 어떻게 남을까. 새털같이 많은 날이 지난 후 그들은 오늘의 동행을 잊어버릴지도 모른다. 그저 동양에서 왔다는 이가 리종곰파로 간다며

촘마들의 수행처인 출리찬수도원.

고래고래 노래를 불렀다고 기억할지도 모른다. 하지만 한없이 황량해 보이는 거친 길에서 숨을 헐떡이며 주저앉으려던 이방인의 손을 잡아주던 어린 스님의 작고 따뜻했던 손. 첫 인사를 나누자마자 불쑥 내밀었던 사과 몇 알의 추억과 어설픈 노래에 엄지손가락을 들어 올리며 보여준 그 미소를 오래도록 잊지 못할 것이다. 그 순수한 미소야말로 거친 땅 라다크에서 만난 가장 아름다운 꽃이기 때문이다.

"행복한 사람이 되고 싶어요"

_열일곱 살 암만 스님의 희망 이야기

"어떤 스님이 되고 싶냐"는 질문에 "행복한 사람"이라고 답하는
암만 스님. 올해 열일곱 살인 암만 스님은 3년 전 출가했다.
잔스카르 출신인 암만 스님은 1~2주에 한 번 정도씩 먹을거리를
사기 위해 다른 스님들과 함께 이렇게 외출을 한다. 가끔은 차를
얻어 탈 때도 있지만 대부분은 걸어서 오간다. 수도원의 노스님들이
출타를 할 때 동행하거나 다른 사원에서 열리는 큰 법회에 참석하는
경우를 제외하고는 수도원 밖을 나설 일이 없는 촘마들에게
장보기는 즐거운 나들이다.

암만 스님은 형제가 여섯이나 되는데 어느 날 아버지께서 집에
찾아온 스님께 인사를 시켰다. 그 후 스님을 따라 수도원에 오게 됐다.
스님이 되는 것이 싫지 않았고 지금 수도원에서의 생활도 즐겁다.
출가한 후에도 몇 번 집에 다녀오긴 했지만 집보다는 수도원이
더 좋다. 집에서는 마음껏 할 수 없었던 공부를 수도원에서는 매일
할 수 있기 때문이다. 영어 공부도 좋고 역사 공부도 즐겁다. 하지만
무엇보다 즐거운 일은 노스님들의 이야기를 듣는 것이다. 그래서

'행복한 스님'이 되고 싶은 열일곱 살 암만 스님.

암만 스님의 꿈도 수도원의 다른 노스님들처럼 이야기를 많이 아는,
행복한 얼굴의 스님이 되는 것이다.
노스님들이 들려주는 이야기란 어떤 것인지 궁금해 물었더니
"설명하기가 힘들다"며 "영어 공부를 더 열심히 해서 다음에 만나게
되면 이야기해주겠다"고 말한다. 그냥 지나가는 인사말이 아니다.
진심이 묻어난다. 우리, 다음에 다시 만날 수 있을까. 확신이 없긴

했지만 다시 만난다면 암만 스님은 어엿한 수행자가 되어있을 것이다. 어린 촘마들에게 부처님의 가르침을, 세상의 아름다움과 우리 삶의 진정한 가치, 그리고 따뜻한 마음으로 살아가는 방법을 이야기 해 줄 수 있는 그런 행복한 스님 말이다. 그때 다시 만나게 된다면 기꺼이 스님께 법문을 청해야겠다.

세상의 끝인 듯 고독한 도량

두려움은 무지에서 시작된다. 저 길 뒤에 무엇이 있을지, 이 길이 어디까지 이어질지 모르기 때문에 두려운 것이다. 기우는 해는 지친 몸을 쉬려는 듯 산등성이에 기대고, '후두둑' 빗방울 떨어지는 소리는 점점 더 잦아진다.

목적지인 리종곰파까지는 30여 분 정도를 더 걸어야 한다. 비포장길 군데군데 돌무더기가 쌓여있어 얼마 전 지나간 폭우를 짐작케 하지만 아직 걸음을 늦출 정도는 아니다.

앞만 보고 걷다가 길에서 돌을 치우고 있는 대여섯 명의 라다키들을 만났다. 길가 곳곳에 쌓여있는 돌을 경운기로 실어 나르는 작업을 했나보다. 바윗덩이가 잔뜩 실려 있는 경운기 옆에는 곡괭이와 삽, 그리고 지렛대로 사용했음직한 나무막대기 몇 개가 놓여있다. 저런 허술한 장비로 저 큰 바윗돌을 치우고 있었다니 말문이 막힌다.

일과를 마친 듯 앉아서 휴식을 취하고 있는 그들에게 리종곰파로 가는 길의 상태를 물었다. 우리 질문에 손사래를 치며 열심히 뭔가를 설명해 준다. 길이 엉망이라는 뜻 같다. 차는 못 들어가도 경운기는 갈 수 있지 않을까 싶어 곰파까지 태워달라고 부탁 해본다. 그랬더니 한바탕 웃음을 터뜨리며 이번엔 고개까지 휘젓는다. 안 된다는 뜻인 것 같다. 좀 태워주면 좋을 텐데. 섭섭한 마음이 들지만 별수 없다.

◎── 길은 사라졌는데 비는 오고

그런데 그들과 헤어진 지 채 10분도 지나지 않아 길이 사라져버렸다. 허물어진 계곡, 큰물에 쓸려온 흔적이 역력한 바윗돌들이 길을 덮치고 계곡을 집어삼켰다. 도대체 이곳에 무슨 일이 있었단 말인가. 걱정할 틈도 없이 어디에 발을 딛고 어디로 가야할 지 막막한 심정에 잠시 걸음을 멈춘다. 나무도 풀도 물도 생명도 없다. 인적도 없고 길도 없다. 세상의 모든 것이 사라지고 오직 대지의 뼈인 바위만 남은 모습이다. 조금 전 만난 라다키들이 손사래를 친 것은 태워주기 싫다는 뜻이 아니라 태워줄 수 없다는 뜻. 경운기로도 갈 수 없다는 얘기였다. 마치 순식간에 다른 세상으로 공간이동을 한 듯 지독하게 외로운 계곡 한가운데 덩그러니 서 있다.

길은 사라졌지만 좁은 계곡의 골은 안쪽으로 계속 이어지고 있다. 시야를 가리는 나무도, 샛길도 없으니 적어도 길 잃을 염려는 없다. 묵묵히 발끝을 살피며 전진, 전진. 도대체 이 끝에 뭐가 있다는 말인가. 세상과는 점점 멀어

세상에서 버려진 듯 삭막한 계곡의 끝에 둥지를 틀고 있는 리종곰파. 하얀 사원 건물 아래 있는 학교 주변으로 지
난 폭우에 쓸려온 흙더미가 잔뜩 쌓여 있다.

겔룩파 소속 사원인 리종곰파의 불단에는 달라이 라마의 사진이 함께 봉안돼 있다.

져, 세상의 끝으로 이어지는 듯 외로운 길. 이 삭막한 불모의 계곡 끝에서 수행자들이 구하는 지혜란 과연 무엇일까. 서너 걸음 앞에서 묵묵히 걷고 있는 가이드에게 뭔가 묻고 싶지만 그도 힘이 드는지 말문을 닫았다. 제멋대로 널브러져 있는 돌덩이들을 살피며 그저 걸을 수밖에.

30분쯤 지났을까. 큰 산자락 하나를 돌아서자 일주문이 화들짝 눈앞에 나타난다. 리종곰파. 마침내 세상의 끝자락 같은 곳에 둥지 튼 도량이 눈앞에 모습을 드러낸다. 벌거숭이산에 기대어 벌집같이 매달려 있는 사원. 일주문 코앞까지 폭우에 쓸린 흔적이 역력하지만 사원은 기적처럼 무사하다. 반갑

끝없는 길을 걸어 마주한 리종곰파의 일주문. 용케 폭우에 휩쓸려가지 않았다.

고 대견하다.

때마침 빗방울이 굵어진다. 서둘러 안으로 들어서는데 사원 밖에도, 안에도 사람이 없다. 저녁예불시간이라 스님들은 모두 예불에 참석했다. 우리도 동참하고 싶지만 미리 허락을 받지 못해 불가능하단다. 하는 수 없이 작은 법당에 들러 참배를 한다. 아무런 조명도 없는 법당 안은 이미 어둠에 잠겨 불단의 불상도 간신히 윤곽만 확인할 수 있다. 참배를 마치고 나오는데 노스님 한 분과 마주쳤다. 이 늦은 시간, 사원을 찾아온 이들을 보고 노스님도 놀라는 눈치다. 그래도 티끌 하나 없는 맑은 표정으로 반갑게 인사를 받아주신다. 가이드가 스님에게 다가가 자초지종을 설명하자 스님이 고개를 끄덕인다.

"지금 예불에 참석하는 것은 불가능하지만 사원을 둘러보는 것은 문제없어요. 다만 곧 어두워질 테니 서둘러야 할 겁니다. 그리고 산을 내려가기 전에 차 한 잔 마시고 가세요. 한참 동안 걸어가려면 몸이 따뜻해야 힘이 덜 들어요."

스님은 "차를 꼭 마시고 가라"고 재차 당부하고 돌아선다.

리종곰파는 단순한 사원이 아니다. 라다크 지역 대표 수행처이자 교육도량이다. 사원에는 20여 명의 스님들이 기거하고 있는데 이 가운데 10여 명은 10대의 동자스님들이다. 입구에는 학인스님들을 위한 학교건물도 있다. 지은 지 얼마 안돼 보이는 이 건물이 도량의 전면을 막아서고 있어 아쉽지만 그래도 학교가 있어 동자스님들은 부처님의 말씀을 배우고 수행할 수 있다. 라다크 불교의 미래가 자라나고 있는 것이다. 다만 너무 늦은 시간이라 공부하는 동자스님들의 모습을 볼 수 없었다.

늦은 시간 사원을 방문한 일행에게 차 한 잔을 권한 고마운 스님.

◎── 공양간 거사의 손은 관음의 천수

노스님으로부터 연락을 받았는지 나이 지긋해 보이는 거사님 한 분이 우리를 공양간으로 안내한다. 공양간이라야 커다란 화덕 하나에 냄비와 주전자 몇 개가 전부다. 창가 옆 낡은 카펫 위의 앉은뱅이 상 앞으로 우리를 안내한 거사님은 화덕 위에서 끓고 있던 주전자의 뜨거운 물을 따라 우리에게 차를 내어준다. 비를 맞아 덜덜 떨리던 몸이 뜨거운 차 한 잔에 녹아내린다. 미처 몰랐는데 험로를 걸어오느라 몸이 제법 긴장했나보다. 카펫 위에 털썩 주저앉아 차 한 잔을 단 숨에 마시고나니 창밖으로 보이는 이곳의 풍경이 새삼 눈에 들어온다.

고독하다 못해 거칠고 삭막하게만 보이는 도량이었지만 다시 돌아보니 세상에서 가장 조용하고 아늑한 곳이기도 하다. 어둠이 내려앉은 도량은 바다 속에 가라앉은 도시처럼 고요하다. 가만히 귀 기울이면 예불중인 스님들의 독경소리가 대지의 노랫소리처럼 사원 안 깊숙한 곳에서부터 울려온다. 심장 고동소리처럼 낮고도 규칙적인 소리가 더없이 마음을 편하게 해준다. 이대로 이곳에서 하룻밤 신세를 지고 싶다. 하지만 '여자는 절대 사원 안에 머물 수 없다'는 리종곰파의 청규가 떠올라 말도 꺼내 보지 못한다.

화덕 앞에 서서 우리 모습을 묵묵히 바라보던 거사님이 주전자를 들어 보인다. 차를 더 마시겠냐는 뜻이다. 얼른 잔을 내미니 아예 커다란 보온병 가득 차를 담아와 따라준다. 잠시 말동무나 할 요량으로 말을 걸어보지만 그저 해맑은 미소만 짓는다. 영어를 못하나 싶어 가이드에게 통역을 부탁해보아도 역시나 돌아오는 것은 더 맑은 미소뿐이다. 몇 번 말을 건네던 가이드가 난감한 표정을 짓는다. 전혀 대화가 되지 않는 모양이다. 어쩌면 이 거사님은 장애를 갖고 있는지도 모르겠다. 하지만 동그란 눈으로 우리가 마시는 찻잔을 살피다 빈 잔에 차를 채워줄 때는 더 없이 기쁜 표정이다. 춥고 지친 나그네들에게 감로 같은 차를 따라주는 이 거사님의 굴곡진 손이 지금 우리에겐 관세음보살님의 천수와도 같지 않은가. 말이 통하지 않아도, 아니 세상의 대화법을 배우기에 조금은 부족한 신체를 가졌는지 몰라도 이 거사님의 마음속엔 우리가 상상조차 할 수 없는 기쁨이 가득함이 분명하다.

따뜻한 찻잔 사이로 미소만 주고받으며 생각해본다. 폭우로 도로가 유실

무슨 말을 해도 그저 웃기만 하던 동그란 눈의 공양간 거사님.

되지 않아 자동차를 몰고 단숨에 이곳까지 왔었다면, 이 차 한잔이 이렇게 따뜻했을까. 리종곰파가 인적 없는 산속이 아닌 도심 속의 어딘가에 있었다면 저 말 못하는 거사님의 미소가 이토록 반가웠을까. 사방엔 불빛도 없고, 눈 감아도 소음이라고는 들리지 않는 이 고요함이 없었다면 지금 이렇게 아무 말 없이 앉아 서로의 생각 속에 잠시 귀 기울일 수 있었을까.

처음의 의문이 다시 떠오른다. 세상의 끝에 앉아있는 듯 이 삭막한 도량에서 스님들이 찾고 있는 것은 과연 무엇일까. 그것은 분명 세상 사람들이 가장 갖고 싶어 하는 무엇일 것이다. 그것을 찾기 위해, 그것을 구해주기 위해 스님들은 세상에서 가장 고독한 벼랑 끝 한자락을 찾아 이곳까지 왔는지도 모른다. 눈으로 볼 수 없고, 귀로 들을 수 없는 것이라면 이곳 리종곰파야말로 그것을 찾기에 가장 좋은 곳이 분명하다.

도량은 점점 더 깊은 어둠에 잠기고 우리가 다시 돌아 내려가야 할 길조차 이제 분간하기 어려운 지경인데, 아무도 선뜻 자리를 털고 일어나지 못한다.

고향도 칼도 버리고 꽃머리 장식하며 지상 정토 꿈꾼다

지난밤의 경험은 다시 떠올리기조차 싫은 악몽이었다. 레로부터 70킬로미터 가량 떨어져 있는 알치Alchi의 숙소를 찾아가는 길, 한밤의 여로는 공포 체험이었다. 부슬부슬 비까지 내리는 밤. 가로등이나 차선, 가드레일 따위는 기대조차 할 수 없는 비포장의 굽이진 도로를 차는 좌우로 번갈아 돌며 휘청휘청 내달렸다. 그러다 자동차의 헤드라이트가 도로 밖을 '휙' 비출 때면, 어두워 아무것도 보이지 않던 창밖의 낭떠러지가 선명히 드러났다. 그 아래 까마득히 흐르고 있는 인더스 강도 시커먼 모습을 드러냈다. 차가 핸들을 돌려 불빛도 방향을 바꾸면 강물도 깊은 어둠 속으로 다시 몸을 숨긴다. 차라리 보지 않는 편이 마음 편할 텐데. 불빛이 닿을 때마다 잠깐 잠깐 드러나는 시커먼 강물. 까마득한 낭떠러지 옆길을 달린다는 생각에 시선은 아무것도 보이지 않는 어두운 창밖에 묶여버렸다. 저 어둠 속 낭떠러지 아래서 시커먼 강이

DHOMKHAR 20 KM
BAIMA 51 KM
DAH 56 KM
GARKON 66 KM
BATALIK 75 KM
J&K TOURISM
NURLA 13 KM
SASPOL 26 KM
NIMMU 61 KM
LEH 97 KM
STOP
POLICE
CHECK POST

다마을로 가는 입구. 국경분쟁지역으로 들어가는 것을 상기시키려는 듯 허가증을 확인하는 검문소의 모습이 다소 위협적이다.

입을 벌린 채 몸을 숨기고 있다고 생각하니 겁에 질린 시선을 도무지 돌릴 수가 없었다. 이미 녹초가 된 몸을 차창에 아무렇게나 기대고 있다가도 차가 휘청거리며 비탈길을 아슬아슬하게 돌아갈 때면 온몸의 세포들이 오그라들듯 진저리를 친다. 도대체 얼마나 더 가야 하는 건지. 그렇게 바짝 겁에 질린 채 '다시는 밤중에 차를 타고 이동하지 않겠다'는 결심을 곱씹었다.

하지만 나중에 알았지만 지난밤 우리가 차로 이동한 시간은 고작 한 시간 남짓, 그것도 도로 사정이 좋지 않아 차는 시속 40킬로미터 정도로 느릿느릿 왔다고 한다. 그런데도 그 한 시간여가 영원히 끝나지 않을 시간처럼 느껴졌으니 사람의 마음이란 얼마나 믿지 못할 것인지, 다음날 아침 눈을 뜨고서야 새삼 깨닫는다.

새벽 다섯 시. 긴장을 풀지 못하고 그냥 잠든 탓에 아침부터 몸이 뻐근하다. 따듯한 물로 샤워라도 한다면 훨씬 낫겠지만 호텔 직원이 방으로 갖다 주는 한 양동이의 더운물로 샤워를 하기는 조금 미안한 생각이 들어 간단히 '고양이 세수'만 하고 만다.

이렇게 이른 아침부터 서두는 까닭은 오늘 찾아갈 목적지가 인도 국경의 끄트머리 '다dha마을'이기 때문이다. 화덕에 구워낸 밀가루 빵 몇 장을 인도식 커리에 적셔 먹는 것으로 이른 아침 식사를 마치고 다마을로 출발한다.

레로부터 서쪽으로 160킬로미터 가량 떨어져 있는 다마을은 라다크 지역의 끄트머리에 자리하고 있다. 지도상으로는 분명 인도에 포함되지만 실은 수십 년째 계속되고 있는 인도와 파키스탄 간의 국경분쟁 때문에 '분쟁 지역'으로 분류된다. 덕분에 인도 북부에서, 민간인이 들어갈 수 있는 마지막

동네 가운데 하나가 바로 다마을이다.

하지만 우리가 이곳을 찾아가는 이유는 국경분쟁에 관심 있어서가 아니다. 다마을의 사람들을 만나보기 위해서다. 다르드 또는 브록빠Brokpa로 불리는 이곳 사람들은 라다크 지역의 소수민족으로 라다키들과는 전혀 다른 외모를 갖고 있다. 라다키 대부분이 북부 티베트 지역으로부터 이주해온 몽골인인데 비해 다르드족은 아리안 계통으로 우리가 흔히 말하는 서양인, 유럽인의 외모를 갖고 있다. 아리안족이라고 하면 한때 독일의 히틀러가 주장했던 '순수 아리안 혈통'이 먼저 떠오른다. 흰 피부에 파란 눈, 금발머리가 아리안족의 특징이라고 한다. 하지만 아리안족은 본래 중앙아시아에서 유목생활을 하던 민족으로 기원전 1700∼1800년 사이에 남쪽으로 대이동을 시작, 지금의 인도까지 내려와 인도지역의 토착민인 드라비다족의 문화를 흡수하며 인도문명을 일으킨 혈통이다. 유럽에서는 그리스 라틴계, 히브리어, 슬라브어계 등의 어족을 총칭하는 용어로도 사용된다. 조금 복잡해 보이지만 어쨌든 이들의 외모가 라다키들과는 확연히 달라 유럽인이나 인접한 파키스탄 지역의 사람들과 훨씬 유사한데 비해 힌두교나 이슬람교 대신 불교를 받아들여 문화적으로는 라다크에 흡수돼 있다. 그러나 생활양식만큼은 전통을 고집하고 있어 라다키들과는 확연히 구분된다.

알치에서 다마을까지는 차로 두 시간 여를 가야 된다. 더구나 국경분쟁지

300여 년 전 불교를 받아들인 다르드족 마을엔 라다크 여느 지역과 마찬가지로 곳곳에 초르텐이 서있다.

역이라 사전에 허가증을 받아야만 마을에 들어갈 수 있다. 필요한 서류를 다시 한 번 확인하고 차에 오른다. 차안에는 호텔에서 준비해준 점심도시락 상자가 먼저 실려 있다. 다마을 인근에는 식사를 할 만한 식당이 없어 호텔 측에 부탁해 도시락을 준비한 것이다. 본격적인 오지탐험이 시작되는 듯 마음이 설렌다.

간밤에 내린 비 덕분인지 촉촉한 아침 공기가 싱그럽다. 건조한 라다크에서 자주 접할 수 없는 느낌이다. 한 시간여를 달렸을까. 지나치는 마을마다 책가방을 맨 아이들이 하나둘 길가에 보이기 시작한다. 아침 등교시간이다.

교복을 입고 가방을 둘러맨 채 친구들과 삼삼오오 짝을 이룬 아이들이 웃고 장난치며 학교로 향한다. 어느 나라나 아침 등교시간 아이들의 풍경은 비슷해 보인다.

잠시 속도를 내는가 싶던 차는 인더스 강이 내려다보이는 어느 길가에 멈춰 선다. 길옆 언덕을 따라 작은 오솔길 하나가 이어져 있다. 길 입구에는 흙벽돌 몇 개를 쌓아 엉성하게 만든 문이 있다. 다마을 입구다. 문은 분명 문인데 누군가 들어오지 못하도록 막기에는 전혀 도움이 되지 않게 생겼다. 그냥 "여기부터가 다마을"이라는 표시인 듯하다. 혹은 라다크 안에 둥지를 튼 또 하나의 문화권, 조금 다른 세상으로 들어서는 입구의 상징이 아닐까.

문을 열고 들어가 조금 걷다보니 길은 금방 울창한 숲속으로 이어진다. 나무가 우거진 작은 골짜기를 따라 다랑이논 같이 생긴 텃밭들이 이어진다. 마을 입구부터는 제법 밑동이 굵은 살구나무들이 줄을 잇는다. 추위에 강하고 가뭄에도 잘 버티는 살구나무는 이곳 라다크 지역에서 가장 흔히 볼 수 있는 과실수다. 말린 살구는 라다키들이 즐겨 먹는 간식거리이기도 하다. 척박한 땅에서 춥고 건조한 기후를 이겨내며 열매를 맺는 살구는 라다키들과도 닮아 있다.

작은 계곡을 끼고 있는 다마을 입구엔 곳곳에 보리밭이 푸르고 제법 커다란 양배추와 빨갛게 익어가는 방울토마토도 눈에 띈다. 하지만 가장 많이 보이는 것은 지천에 피어있는 형형색색의 꽃이다. 풀 한포기 없는 척박한 땅만 보아왔는데 이렇게 지천으로 피어있는 꽃들은 이곳이 라다크라는 사실조차 잊게 만든다.

오뚝한 코에 쌍꺼풀 짙은 눈, 갈색 눈동자. 확연한 유럽인의 외모를 지닌 다르드족은 남녀 모두 꽃으로 머리를 장식한다. 여기에 양털로 지은 옷을 입고 터키석과 각종 은제 장신구, 조개껍질 등을 엮어 만든 목걸이 등으로 한껏 치장하는 독특한 전통을 지니고 있다.

그런데 꽃은 땅위에서만 피는 것이 아니다. 다르드족 사람들은 머리를 꽃으로 화려하게 장식하는 풍습을 갖고 있다. 그래서 '꽃의 부족'이라는 별명으로도 불린다. 마을 곳곳에서 만난 여인들의 머리는 하나 같이 한 다발 들꽃으로 장식돼 있다. 여러 종류의 꽃과 열매, 이파리 등 지천에 널려있는 풀과 꽃을 엮어 만든 꽃다발은 어느 꽃꽂이 전문가의 솜씨 못지않게 아름답고 화려하다. 여기에 은, 터키석, 동전 등 치장이 될 만한 것이라면 무엇이든 엮어 머리위로 한 가득 쌓아 올렸다. 밭을 매고 있는 호호할머니의 백발 위에서부터 마을 밖 장터에 물건을 사러가는 아주머니, 집에서 아이들을 돌보고 있는 평범한 아이엄마의 머리까지 한결같이 한 다발 꽃묶음이다.

◎── **"우리의 조상은 로마에서 왔다"**

마을 입구에 있는 게스트하우스에 들러 차를 한 잔 마시고 가기로 했다. 부부가 운영하는 게스트하우스의 주인 내외는 대대로 이 마을에서 살고 있는 다마을 토박이란다. 우뚝한 코에 갈색 눈동자를 가진 남편은 분명 라다키들과는 다른, 유럽인에 가까운 얼굴이다. 부인 역시 오뚝한 코에 짙은 쌍꺼풀을 가진 갸름한 얼굴이다. 라다크가 처음 외부에 개방된 후 이들의 존재가 유럽에 알려지면서 '순수한 아리안 혈통'에 대한 이상을 좇아 많은 유럽의 젊은이들이 다마을을 비롯해 하누Hanu, 비마Bima 등 인근 다르드족 마을로 찾아왔다고 한다. 하지만 과연 이들이 '순수한 아리안 혈통'인지는 알 길이 없다. 도대체 '순수하다'는 것이 어떤 것을 의미하는 것인지조차 알 수 없으니 말이다.

이곳 다르드족들은 지금까지도 다르드족끼리만 혼인을 하고 다르드족 사람이 마을 밖으로 나가 사는 경우도 거의 없다고 한다. 아이들은 학교를 다니지만 학교에서도 다르드족 아이들은 자신들끼리만 어울리는 편이란다. 그도 그럴 것이 다르드족의 고유 언어는 라다키들의 언어와는 매우 다르다. 언어학자들은 이들의 언어가 고대 산스크리트Sanskrit어와 많은 유사점을 갖고 있어 산스크리트어의 원형이 이들 언어 속에 남아있는 것으로 추정하고 있다. 다르드족은 고유 문자를 갖고 있지 않아 기록된 역사는 없지만 대신 이들이 히말라야 기슭에 모여 살게 된 역사를 말해주는 수많은 노래들이 구전되고 있다. 그 가운데에는 이들이 로마에서 와서 이곳에 정착하게 되었다는 노래도 있다고 한다. 하지만 이러한 것들이 '순수한 혈통'을 의미하는 것은 아닐 것이다. 중세 유럽의 왕족들이 순수한 혈통을 지키기 위해 근친혼을 거듭한 결과 그 후손들에게서 수많은 열성 유전 질환이 나타난 것처럼 자연에서 순수하다는 것은 상대적 약세의 의미, 현실적으론 막연한 이상일 뿐이다.

현재 다르드족들은 4개 마을에 400여 명 정도가 살고 있는데 파키스탄과 인도의 국경분쟁이 일어나기 전까지는 마을들이 번갈아가면서 매년 축제를 열었다. 축제에서는 이들의 역사를 노래로 부르며 자신들의 정체성을 재확인한다. 그러나 지금은 한 개 마을이 파키스탄 쪽에 속해 있어 이곳 주민들은 축제에 참석하지 못하고 있다.

"우리 조상은 유럽의 로마로부터 왔는데 알렉산더 대왕이 동방원정을 떠났을 때 따라왔던 군사의 일부가 로마로 돌아가지 않고 이곳에 정착해 살기 시작했다고 합니다. 외부와 고립된 다르드족들은 샤머니즘과 애니미즘이 섞

다마을에서 만난 다르드 여인들. 길게 땋은 머리를 허리까지 늘이고 형형색색의 꽃을 각자의 솜씨대로 엮어 머리를 장식한 다르드 여인들은 일상생활에서도 꽃머리 장식을 빼놓지 않는다. 단, 꽃머리 장식은 결혼한 후에만 가능하다.

여있는 토속종교를 형성했고 300여 년 전에 불교가 전해지면서 지금은 불교와 토속종교가 혼합된 형태에 더 가깝지요."

게스트하우스 주인 스크야바빠 씨는 자신의 조상들이 로마에서 왔다는 옛 전설에 확신을 갖고 있는 표정이다. 그들의 조상이 로마에서 왔다면 그들은 왜 로마로 돌아가지 않고 이곳에 남았을까. 어쩌면 언제 끝날지 모르는 전쟁에 진저리쳐지고, 거친 인더스 강과 히말라야산맥을 넘어가야 할 귀향길이 너무도 까마득했기 때문은 아니었을까. 전쟁도, 국경도, 이념도 없이 그저 아늑한 계곡 한자락에 모여 소박하게 농사를 지으며 예쁜 꽃으로 머리 장식 하는 것을 낙으로 삼아 그들만의 파라다이스를 이곳에 만들고 싶었던 것인 지도 모른다. 그러한 조상들의 피가 이어진 까닭에 지금까지도 이들은 세상 밖으로 나오길 거부하며 꽃으로 머리를 장식하고 조개껍질과 양털로 만든 소박하지만 화려한 옷으로 치장하길 즐기며 자신들만의 전통을 이어가고 있 는 것은 아닐까.

부부는 자신들의 전통 의상을 보여주었다. 남편과 아내 모두가 꽃으로 머 리를 장식하고 조개껍질과 동전, 터키석 등 각종 보석을 엮어 장식한 양털 옷 을 입은 이들의 모습은 전쟁이나 다툼과는 거리가 멀어 보인다. 저렇게 예쁜 꽃으로 머리 장식을 하고 있는데 전쟁이라니, 가당치도 않은 말이다.

라다키들은 이들을 다르드족이라는 명칭보다는 '브록빠'라는 이름으로 더 즐겨 부른다. "브록빠 같다"는 말에는 '바보스럽다' '융통성이 없다'는 뜻이 담겨있다고 한다.

"다르드 남자들은 키가 크고 잘생겼죠. 여자들도 라다키들에 비해 피부가 하얗고 이목구비가 뚜렷해서 남자들에게 인기가 많습니다. 하지만 이들은 결코 다른 부족과 혼인하지 않아요. 좋은 일자리도 마다하고 자신들의 마을 에만 모여 사니 라다키들도 이들이 조금 바보스럽다고 생각합니다."

가이드는 주인 내외의 눈치를 보며 조심스럽게 설명하지만 정작 다르드족 들은 이런 외부의 시선에 조금도 개의치 않는 눈치다. 그보다는 파키스탄과의 국경분쟁이 하루빨리 마무리돼서 다르드족 마을 주민 모두가 함께 모이는 축제를 다시 열 수 있게 되길 바랄 뿐이다. 라다크의 변방, 히말라야의 산자락 깊숙한 곳에 만든 그들만의 파라다이스, 이 평화가 깨지지 않길 기원한다.

지상에 떨어진 달나라의 한 조각인가

여행의 가장 큰 즐거움 가운데 하나는 뭐니 뭐니 해도 먹는 일 아닐까. 여행 중의 식사는 그 자체로 새로운 경험이기에 늘 기다려지는 시간이다. 그렇다고 해서 산해진미로 차려지는 호화로운 만찬은 결코 아니다. 오히려 가끔은 익숙하지 않은 음식들로 인해 곤혹을 치르기도 한다. 더구나 라다크에서라면 기대감을 접을 정도는 아닐지라도 식탐을 버린다는 마음가짐은 반드시 필요하다. 레에서 멀어지면 멀어질수록, 점점 더 아름답고 경이로운 풍경이 펼쳐지는 것과 정확히 반비례하듯 여행자의 식사는 단출해진다.

라다크의 중심도시 레로부터 서쪽으로 125킬로미터 떨어진 라마유루 Lamayuru로 향하는 길, 일행은 점심 식사를 위해 먼지가 폴폴 날리는 길가의 식당을 찾았다. 식당 앞 평상에 앉아 푸성귀를 다듬던 주인은 서둘러 식당 안으로 들어가 테이블과 의자 위에 뽀얗게 앉아있던 먼지들을 수건으로 탈탈 털어내며 손님을 맞는다. 아마도 꽤 오랜만에 찾아온 손님인가보다. 별다른 메뉴랄 것도 없는 시골 음식점에서 일행은 라면과 비슷하게 생긴 국수 몇 그릇을 주문하고 호텔에서 챙겨온 도시락을 곁들여 가벼운 점심을 먹는다. 도시락에는 샌드위치 반쪽과 삶은 계란 한 개 외에도 밀가루 반죽을 얇게 펴서 화덕에 구운 인도식 빵 차파티와 커리 한 줌, 그리고 음료수와 비스킷 몇 조각이 차곡차곡 담겨있다. 지난 밤 묵은 호텔 식당의 주방장이 나름 신경을 써서 챙겨준 도시락이다. 점심 식사 후에는 라마유루까지 약 1시간 이상을 차로 이동해야 하니 속을 든든히 채워야 한다.

◎── **구절양장 굽잇길에 빈속이 '울렁'**

라마유루는 라다크의 중심도시 레로부터 서쪽으로 125킬로미터 떨어진 작은 마을이다. 라다크 지역 대부분과 마찬가지로 이 마을도 해발 3,510미터의 고지대에 위치하고 있다. 특히 라마유루로 향하는 고갯길 '잘레비Jalebi'는 산비탈을 따라 좌회전과 우회전을 수없이 반복해야 하는, 가파르고 험하기로 유명한 길이다. 평소 차멀미를 거의 하지 않는 편이라 별스럽게 걱정이 되진 않지만 아무래도 익숙하지 않은 음식, 그리고 파삭파삭 마른 빵과 샌드위치 등이 입안에서 빙빙 돌기만 한다. 식사를 하는 둥 마는 둥 건성으로 마치고 라마유루로 출발한다. 식당 입구 벽에 붙어있는 '어제는 역사, 내일은 신비, 오늘은 선물Yesterday is history, Tomorrow is a mystery, Today is a gift'이라는 글귀가 라다크 길가의 허름한 식당에서 우리를 배웅한다. 왠지 오늘 하루는 선물 같은

길가의 허름한 식당에서 만난 명언이 유독 가슴에 남는다.

날이 될 것 같다.

　길은 기대를 저버리지 않았다. 라마유루로 가는 길, 문제의 잘레비 고갯길은 도로가 산비탈에 가로로 놓여있는 모양새여서 산을 올라가는 길인지 아니면 산허리를 감고 있는 길인지조차 헷갈릴 지경이다. 산비탈 아래에서부터 우측으로 한참 달리던 차는 유턴이라도 하듯 '획' 돌아서 이번엔 좌측으로 한참을 간다. 그러다 다시 우측으로 '획!' 점점 그 간격이 좁아지더니 고갯길 꼭대기에 가까워질수록 점점 더 가파르고 잦은 회전이 이어진다. 라마유루의 별명이 '달의 계곡'이라고 하던데 이렇게 계속 올라가기만 하다가는 정말 달나라까지 갈 것 같다. 아니면 달나라 여행만큼이나 힘들어서 생긴 별명인

라마유루 어귀에서 내려다 본 문랜드. 고갯길 정상에는 운전자들의 안전을 기원하는 타르초가 나부끼고 있다. 그 너머로 보이는 문랜드, 초승달처럼 휘어진 상아빛 계곡의 풍경은 도저히 지상의 것이라고는 믿기지 않는다.

보름달 한 조각이 땅에 떨어진 듯 신비로운 라마유루 문랜드의 계곡.

라마유루로 가는 잘레비 고갯길을 오토바이로 넘는 여행객들. 라다크의 무수한 산과 계곡을 오토바이 한대에 의지해 넘나든다.

지도 모르겠다.

그렇게 한참을 올라와 산 정상에 가까워졌을 즈음 차창 밖으로 오토바이한 대가 휙 지나간다. 곧이어 오토바이를 이용해 라다크를 여행하는 '라이더'들의 행렬이 줄을 잇는다. 유럽의 여행객들이 주로 선호하는 이 오토바이여행은 델리에서 출발하는데, 여행사에 짐을 맡겨 라다크로 배송시키고 자신들은 오토바이를 이용해 델리부터 레까지, 그리고 레에서부터 라다크 곳곳을 저렇게 오토바이로 여행하는 방식이다. 라다크의 무수한 산맥과 계곡, 수천 미터의 고갯길을 오토바이 한 대에 의지해 여행을 한다니 쉽게 상상이

길가에서 담소를 나누고 있던 라다키 할머니들이 일행을 향해 반갑게 인사를 보낸다. 저 친절한 미소는 힘든 여정의 비타민이 되어준다.

가질 않는다.

그들이, 그리고 우리가 올라온 잘레비 고갯길은 그야말로 까마득하다. 길은 거대한 뱀 한 마리가 기어 올라온 자국처럼 굽이굽이 이어지고 계속되는 오르막에 지쳐버린 버스들도 길가 곳곳에 아무렇게나 서서 휴식을 취하고 있다. 그 너머로 라다크의 바위산들이 첩첩이 둘러쳐져 있다. 하지만 이것은 시작일 뿐이다.

고갯길 너머 저 멀리 마침내 라마유루, 달의 계곡과 곰파가 눈에 들어왔다.

구절양장 굽잇길에 뱃속마저 뒤죽박죽으로 꼬여버렸는지 점심에 먹은, 얼마 되지도 않는 빵조각들이 목구멍을 따라 스멀스멀 기어 올라올 즈음이다. 지상에 떨어진 달의 한 조각처럼 생긴 바위산, 그리고 그 위에 우뚝 솟아 있는 새하얀 사원이란! 보고도 믿기 어려운 풍광이 눈앞에 펼쳐지며 멀미 따위는 까맣게 잊어버린다. 길가에 차를 세우고 천 길 낭떠러지가 버티고 있는 벼랑 끄트머리에서 엄지발가락에 힘을 잔뜩 준 채 서서 조심스레 계곡을 굽어본다. 고운 상아빛 모래인가 싶지만 단단한 바위 같기도 한 라마유루 달의 계곡. 그것은 손으로 주무른 것도, 제 마음대로 구겨놓은 것도 아니다. 칼로 조각한 것도 아니고 기계로 깎은 것은 더욱 아니다. 물결치듯 자유자재로 굽어지고 주름진 바위산, 일정하게 반복되는 굴곡인가 하다가도 어느 순간 솟아오르고 다시 숨어버리는 깊은 골짜기들. 지상의 것이라고는 믿기지 않을 정도로 낯설고 아름다운 풍경, 그리고 우리가 저 길을 올라왔다는 사실에 알 수 없는 감동이 밀려온다. 지금 이 순간 누군가 "여기가 달나라다"라고 말해도 의심하지 않을 만큼, 그래서 더 아름다운 풍경 앞에 잠시 할 말을 잊는다. 그 장엄 앞에 떠오르는 감탄사의 빈곤함과 그것을 담아보겠다고 들이대는 사진 솜씨의 조잡함. 무엇보다도 저 압도적인 자연의 위력을 감당하기에 턱없이 부족한 감성이 원망스러울 따름이다.

◎── **물결치듯 주름진 바위산 계곡**

이곳 달의 계곡을 만든 주인공은 빙하로 추정된다. 거대한 빙하가 녹아내

달의 계곡, 문랜드를 둘러싸고 있는 산 허리춤에 라마유루곰파가 우뚝 서 있다.

달나라에 사는 천막집? 길에 천막이 쳐져있다. 도로공사에 투입된 인부들의 임시 거처다.

리며 호수가 되었고 그 호수가 바위산을 깎고 매만지고 다져서 마침내 지금과 같이 매끄럽고 단단한 침식바위의 계곡을 빚었다. 지구상의 풍경이 아닌, 우주의 아름다움을 담아낸 것이다.

여행자들은 그래서 이 경이로운 자연의 대작을 문랜드Moon Land라고 부른다. 물론 그 별명을 붙여준 이들 가운데 진짜 달에 가본 이는 아마 단 한 명도 없었을 것이다. 하지만 아무도 이 별명에 토를 달지 않는다. 라마유루의 계곡을 보는 순간 이곳이 지구상의 한 지점이라는 생각 자체를 잊어버리기 때문이다. 그러니 가보지도 못한 달나라가 이곳일 것이라는 생각은 너무도 자연스럽다. 지구를 떠나 달 표면의 한 모퉁이에 불시착한 '우주 방랑객'처럼 모두들 각자의 상상 속 달나라 여행에 빠져 한동안 말이 없다.

이렇게 아름다운 풍광에 전설 한 자락은 당연하다. 이곳 라마유루에도 신비로운 전설이 전해진다. 석가모니 부처님 재세시, 이곳 달의 계곡은 맑은 물이 가득한 호수였고 이 호수에는 성스러운 뱀이 살고 있었다. 그러던 어느 날한 아라한이 이곳을 찾아 "이 호수가 마르고 그곳에 사원이 세워지게 될 것"이라고 예언했다. 그로부터 천 년도 더 지난 11세기 티베트밀교의 전수자인나로파Naropa가 이곳 라마유루를 찾아와 여러 해 동안 동굴에서 수행한 뒤 깨달음을 얻었다. 그가 산허리를 갈라 호수의 물이 빠지게 하자 호수 바닥에서죽은 사자가 발견되었다. 나로파는 사자가 발견된 자리에 '사자의 무덤'이라는 사원을 세웠다. 라마유루곰파 자리에 세워진 최초의 사원이었다.

라마유루곰파는 달의 계곡이 내려다보이는 맞은편 절벽 위에 서있다. 멀리서도 한 눈에 들어오는 사원으로 가기 위해 달의 계곡, 달나라를 떠난다.

죄지은 자에게도 자비 베푼 천년 사원

지상에 내려앉은 조각달처럼 신비로운 라마유루 달의 계곡, 문랜드의 감동을 뒤로하고 라마유루곰파로 향한다. 라마유루곰파는 문랜드가 마주 보이는 계곡 위, 정확히 표현하자면 벼랑 끝에 서있다.

곰파 아래 계곡이 제법 까마득하지만, 주변을 병풍처럼 둘러싸고 있는 바위산들의 높이가 워낙 만만치 않다보니 벼랑 끝의 곰파는 상대적으로 그리 위태로워 보이지 않는다. 해발 3,540미터. 이 정도면 라다크 지역 평균 고도에 불과하다.

라다크의 땅 가운데 인간이 접근할 수 있는 곳은 5%, 사람이 살 수 있는 곳은 0.5%밖에 되지 않는다. 메마른 계곡과 산허리를 돌아가다가 우연히 푸른 숲을 만날 수 있다면 그곳이 바로 마을이다. 라다크는 그렇게 사람과 자연이 함께 살아야만 하는 곳, 자연이 오직 그러한 삶만을 허락하는 곳이다.

달의 계곡이 보이는 절벽 위에 우뚝 서 있는 라마유루곰파. 주변을 둘러싸고 있는 산맥의 높이가 위압적으로 느껴
질 지경이다.

하지만 라마유루에서는 그런 기대조차 용납되지 않는가 보다. 문랜드 맞은 편 가파른 산비탈을 따라 라다크식 흙집이 다닥다닥 붙어 있는 라마유루는 라다크의 어느 마을보다도 거칠고 메말라 보인다. 곰파가 세워져 있는 산비탈에서 아래쪽으로 내려가면 좁은 계곡을 따라 약간의 나무가 자라고, 조각조각 이어져 있는 계단식 보리밭이 있다. 하지만 대부분의 집들은 계곡 위 산비탈의 라마유루곰파 주변에 외호하듯 모여 있다. 그 덕분에 변변한 나무 한 그루, 풀 한포기 만날 수 없는 라마유루 마을의 첫 인상은 콧속까지 칼칼하게 만드는 건조함, 그 자체다.

푸석푸석한 산비탈 길을 따라 라마유루곰파 입구에 도착했다. 4층 높이의 커다란 호텔이 떡 버티고 서 있다. 달의 땅을 옮겨 놓은 듯 이질적인 풍광의 계곡과는 달리 곰파의 입구는 너무도 현실적이어서 당황스럽다. 그것도 라마유루곰파에서 직접 짓고 운영하는 호텔이란다. 이곳을 찾아오는 사람들이 그만큼 많아졌다는 뜻이기도 하다. 호텔 입구에는 수십 대의 오토바이가 줄지어 서 있고 방금 오토바이에서 내린 듯한 서양인 관광객들이 삼삼오오 무리를 지어 모여 있다. 오토바이로 라다크를 여행하는 이들이 오늘은 이곳 호텔을 숙소로 잡은 모양이다. 소란한 그들의 대화를 뒤로한 채 호텔 옆 작은 골목길을 따라 곰파로 향한다.

라마유루곰파는 성스러운 뱀이 살던 맑은 호수에 세워졌다는 전설을 간직하고 있다. 그 전설의 주인공, 호수의 물을 모두 사라지도록 만들고 그 자리에 사원을 세운 '나로파'는 11세기 인도의 불교학자다. 그는 이곳 계곡의 바위동굴에서 여러 해 동안 수행한 후 깨달음을 얻었고 산허리를 갈라 호수의

오토바이로 라다크를 여행하는 서양인들. 번호판에 적혀있는 'DL'이라는 표식이 델리 소재 오토바이임을 말해준다.

물이 사라지게 만든 후 그 자리에 곰파를 세웠다. 라마유루곰파에는 나로파가 수행했다는 바위동굴이 아직도 남아있다. 라마유루라는 지명도 '라마의 명상지'라는 뜻인데 여기에서 라마란 바로 나로파를 지칭한다.

그러나 라마유루곰파에 관해, 역사는 10세기경 라다크 왕의 명령으로 린첸 잔포Rinchen Zanpo 스님이 창건했다고 기록하고 있다. 그 후 16세기에 이르러 나병에 걸린 라다크 왕이 스님들의 도움으로 병을 치료한 후 고마움의 표시로 라마유루곰파를 스님들에게 보시했다. 왕은 사원을 보시하며 세금을 면제해주고 곰파 주변을 성역으로 지정해 성역 안에서는 누구도 함부로 잡아갈 수 없도록 했다. 덕분에 범죄자라도 라마유루곰파의 영역으로 들어오면 보호받을 수 있었다. 그래서 지금까지도 라다크 사람들은 이곳을 '자유의 장소'로 부른다.

라다크지역에서도 가장 오래된 사원 가운데 하나로 손꼽히는 라마유루곰파는 천년 이상의 역사를 이어오며 여러 차례에 걸쳐 파괴되고 재건되는 부침을 겪어야 했다. 지금 남아있는 건물들 역시 수차례 파괴와 복원을 거듭한 것들이다. 그나마 사원 중앙의 건물이 비교적 초기의 모습을 유지하고 있어 우선 그곳으로 발길을 돌린다.

◎── 창건자 나로파 스님은 카규파의 모태

모퉁이를 돌아서니 호텔에 가려 보이지 않던 곰파의 초르텐이 아름다운 실루엣을 드러낸다. 조성된 지 얼마 안돼 보이는 새것 옆으로 허물어질 대로 허물어져 마치 둥근 돌무더기처럼 보이는 초르텐들이 어깨를 나란히 하고 서있다. 초르텐은 한 번 세우고 나면 보수하거나 새로 짓지 않는다. 비가 거의 내리지 않는 라다크라도 흙과 흙벽돌만으로 조성된 초르텐은 여름과 겨울의 계절 변화를 겪으며, 그리고 쉼 없이 불어오는 바람에 시달리며 조금씩 허물어져 간다. 그런 초르텐을 보면서 사람들은 세상에 영원한 것은 아무것도 없다는, 생겨난 것은 반드시 사라진다는 붓다의 가르침을 눈으로 확인한

라마유루곰파의 초르텐 아래서 라다키 여인이 탑돌이를 하고 있다. 마니차를 돌리는 여인의 손길이 정성스럽다.

라마유루곰파 내부엔 화려한 프레스코 벽화가 가득하다.

다. 초르텐이 허물어지면 사람들은 그 옆에 새로운 초르텐을 세운다. 그러다 보니 여러 개의 초르텐이 줄지어 서 있는 모습을 쉽게 찾아볼 수 있다. 옛것 과 새것이 나란히 서 있는 모습은 마치 라다크 자연의 일부인 듯 어느 곳에서 나 접할 수 있는 풍경이다. 마침 라다키 여인 한 명이 초르텐을 따라 탑돌이 를 하며 마니차를 돌리고 있다. 줄지어 세워져 있는 마니차를 한 개도 빠뜨리 지 않고 돌리는 여인의 솜씨는 능숙하면서도 정성스럽다.

라다키 여인을 뒤따라 안으로 들어서니 건물 밖에서는 상상할 수 없을 만

법당 내부엔 고색창연한 탕카가 즐비하게 걸려있다. 화려한 색의 비단으로 만들어진 장엄물들이 법당 내부를 더욱 아름답게 장식하고 있다.

큼 아름다운 프레스코Fresco화들이 즐비하다. 라마유루곰파에는 오래돼 무너진 건물들의 잔해 속에서도 벽화가 발견되는데 그 중에는 조성 시기가 10세기까지 거슬러 올라가는 것들도 있다고 한다. 법당 내부에는 우리의 만장挽章 혹은 번幡같이 생긴 오색 깃발들이 길게 드리워져 있고 그 뒤로 티베트 불화인 탕카Thangka들이 법당을 빙둘러가며 걸려있다. 사원의 오랜 역사를 말해주는 듯 고색창연한 탕카와 화려하기 이를 데 없는 오색 깃발들이 조화를 이루고 있는 법당을 둘러보느라 목이 뻐근할 지경이다.

곰파 창건자인 나로파(가운데)와 그의 제자들 조각이 모셔져 있는 나로파 동굴.

탕카에 정신이 팔려 벽만 올려다보고 있는데 법당 오른편 벽에 작은 팻말
이 눈에 들어온다. 붉은색 팻말에는 영문으로 '이 동굴은 나로파가 수행할 때
사용했던 곳입니다'라고 적혀있다. 이곳이 바로 라마유루곰파 창건 전설의
주인공 나로파의 수행동굴이다.

체구가 작은 사람 한 명이 겨우 머리와 어깨를 밀어 넣을 수 있을 정도의
작은 창문 너머로 보이는 동굴 안에는 나로파와 그의 제자인 마르파Marpa, 마
르파 제자인 밀라레파Milaraspahi의 조각상이 함께 모셔져 있다. 특히 마르파는

티베트불교 4대 종파 가운데 하나인 카규파Kagyupa의 시조로, 우리에게는 카르마파Karmapa가 이끄는 종단으로 더 잘 알려져 있다. 나로파에 의해 창건된 라마유루곰파는 이후 카규파의 대표적인 사원으로 번성했고 지금도 카규파의 한 지파인 디궁파Digungpa 사원으로 위상을 이어가고 있다.

이같이 위대한 인물인 나로파가 수행했다는 이 동굴은, 그러나 한 사람이 들어가 앉기에도 턱 없이 작아 보인다. 동굴이라고 하기보다는 그냥 작은 바위틈이라고 하는 편이 더 정확할 듯싶다. 하지만 나로파는 그의 스승 틸로파Tilopa로부터 가르침을 받을 때 사원 꼭대기에서 뛰어내리고, 끓는 물속에 들어가는 등 모두 12가지의 시련을 거쳤다고 한다. 그러니 이처럼 작은 동굴에서 수년간 수행하는 일쯤은 어렵지도 않았을 것이다. 전설은 전설로 남겨주는 마음의 여유가 없다면 라다크가 품고 있는 비밀스런 아름다움을 만날 수 없을 것이다.

◉── **달의 계곡에선 현란한 가면축제가**

전성기 이곳 곰파에는 400여 명의 스님들이 생활했지만 지금은 20~30여 명의 스님들만이 기거하고 있어 조금 외로워 보인다. 대신 매년 티베트력으로 2월과 5월, 양력으로는 3월과 7월경에 100여 명이 넘는 스님들이 모여 함께 기도하며 가면 춤을 추는 축제가 열린다. 3월은 지루한 겨울의 끝자락이고 7월은 짧은 여름의 한복판이다. 혹독한 자연환경을 이겨내며 묵묵히 겨울을 보내고 있는 라다키들을 위로하기 위해, 그리고 짧은 여름의 아름다움을

라마유루곰파 입구에서 내려다본 마을. 곰파를 외호하듯 모여 있는 라다키들의 흙집 위로 오색의 타르촉가 휘날린다.

찬탄하며 기쁨을 나누기 위해 열리는 축제인 셈이다. 달의 계곡이 내려다보이는 사원, 온갖 신비로운 전설들이 가득한 이곳에서 가면을 쓰고 벌이는 축제란 어떤 모습일까. 마치 먼 우주의 어느 별에서 인간과는 전혀 다르게 생긴 생명체들이 경이롭고 낯선 풍경과 어울려 벌이는 우주의 한바탕 춤사위 같지 않을까. 달의 계곡, 문랜드에서 벌어지는 이 놀라운 우주의 축제에 참석하고 싶은 마음이 간절하지만, 오는 3월을 기다리기에 여행자의 시간은 너무 짧고 지나버린 7월의 상상 속에 머물기엔 갈 길이 너무 멀다.

히말라야 오지가 숨겨놓은 라다크 불교미술의 최고봉

라다크의 도로사정은 산세만큼이나 험악하다. 알치곰파로 향하는 길, 가파른 산 비탈길을 제법 달리는가 싶던 차가 갑자기 멈춰 섰다. 무슨 일이지? 창밖이 온통 뿌연 흙먼지다.

"도로가 끊겨서 잠깐 기다려야 되겠는데요."

가이드는 별일 아니라는 듯 우리를 안심시키다. 창문을 빠끔히 열고 밖을 내다보니 저 앞에서 불도저 한 대가 도로 위에 잔뜩 쌓인 흙과 바위를 치우고 있다. 산비탈에서 쏟아진 낙석이 도로를 뒤덮어버린 상태다. 불도저가 바위와 흙을 밀어 한쪽으로 쌓아놓으면 10여 명의 인부들이 돌을 작게 부수어 트럭에 실어 올린다. 그렇게 해서 이 많은 돌을 치우고 있다. 가뜩이나 메마른 흙길인데 불도저가 이리저리 오가며 바위를 굴려대니 온통 흙먼지가 일어 수십 미터 앞도 보이지 않는 지경이 돼 버렸다.

바위를 실어 나르기 위해 모여 있는 인부들. 돌 하나하나를 손으로 들어 올려 차에 싣고 있다.

그나저나, 도로 위에 쌓여있는 저 많은 바위와 흙더미를 언제 다 치운단 말인가. 갈 길은 먼데 밖의 풍경이 한심하기 그지없다. 가이드가 창문을 열고 큰 소리로 불도저 기사를 부른다. 그에게 뭐라고 설명을 하니 기사가 손을 흔들어 화답을 한다. '알겠다, 걱정 말라'는 뜻 같다. 아니나 다를까. 10여 분 남짓 기다리니 불도저가 앞뒤로 쓱쓱 오가며 돌을 치워 차 한대 지나갈 만큼의 길을 만들어 준다. 그 사이를 뚫고 일행을 태운 차는 아무 일 없었다는 듯 가던 길을 계속 간다.

이런 것이 라다크 여행의 별미다. 비현실적인 풍경이 수시로 눈앞에 펼쳐지고, 사람이 살 수 없을 듯한 극한의 환경에서도 행복한 얼굴로 살아가는 사람들과 마주치는 곳. 그렇게 불가능해 보이는 것들이 결코 불가능하지 않은 곳이 라다크다. 지금 찾아가는 알치곰파가 품고 있는 보물도 마찬가지다. 존재 그 자체만으로도 불가능해 보이지만 여전히 그곳에 존재하고 있기에 더욱 신비롭다.

◎── 카슈미르 예술가들이 조성한 사원

알치곰파는 레에서 스리나가르 쪽으로 70킬로미터 떨어진 고산지대의 오지 마을 알치에 위치하고 있다. 라마유루곰파와 마찬가지로 린첸 잔포 스님이 10세기 말 건립했다. 린첸 잔포 스님은 티베트불교에서 매우 중요한 위치를 차지한다. 서티베트에서 태어난 스님은 13세에 불교에 귀의, 인도와 카슈미르로 유학해 산스크리트어와 인도의 방언들을 비롯해 당시의 다양한 학문과 수행법을 전수 받았다. 17년간의 유학생활을 마치고 티베트로 돌아온 스님은 왕의 후원 하에 수많은 경전을 번역했다. 그래서 린첸 잔포 스님은 '라마로짜Lama Lotsava' 우리말로 하자면 '위대한 역경승'이라는 수식어로 불린다. 린첸 잔포 스님은 역경뿐 아니라 불사에도 남다른 재능을 보였는데 라다크를 포함, 서티베트 지역에 총 108개의 사원을 건립했다. 그 중 사료에 기록이 남아있는 사원만도 21곳에 이른다. 특히 스님은 사원과 불상 조성을 위해 직접 카슈미르로 가 32명의 예술가들을 동행해 왔다. 우리의 목적지인 알치곰 파 역시 이들 카슈미르 예술가들에 의해 조성된 사원이다. 그래서 사원의 양식은 물론이며 불상과 내부의 벽화에 인도, 카슈미르풍이 오롯이 남아있다.

알치곰파는 라다크 지역의 다른 곰파들과 달리 평지에 위치해 있다. 라다크에서도 오지에 해당하는 잔스카르 지역의 길목에 위치한 알치마을은 워낙 외진 곳인데다 곰파도 평지에 자리 잡고 있어 이슬람교도들의 침입 때에도 곰파가 눈에 띄지 않아 무사했다고 한다.

전쟁의 화마조차 피해갔을 만큼 오지인 덕분에 쉬지 않고 내달렸지만 결국 해거름이 돼서야 알치곰파에 도착했다. 마을 어귀에서 바라본 알치엔 사람이 사는 집보다 초르텐이 더 많아 보인다. 마을 입구뿐 아니라 곰파를 빙둘러가며 서 있는 초르텐들이 먼저 방문객을 맞는다. 마을 가장자리, 인더스 강변에 맞닿아있는 알치곰파는 언뜻 보아서는 여느 가정집 같아 보이지만 제법 고목의 태가 나는 나무들이 곰파의 오랜 역사를 말해준다. 들꽃이 제 마음대로 피어있는 마당을 지나니 아름다운 법당 숨첵Sumtsek이 먼저 눈에 들어온다.

알치곰파의 여섯 개 전각 가운데 가장 아름다운 건물로 손꼽히는 숨첵은 그리스 신전의 기둥처럼 섬세하게 조각된 목조기둥의 3층 건물이다. 천 년의 역사를 간직한 사원답게 건물의 부재들에서는 한 눈에 보아도 기나긴 세월의 흔적이 느껴진다. 낡고 무뎌지긴 했지만 기둥 구석구석에 남아있는 장식 문양들은 라다크의 그것과 매우 다를 뿐 아니라 세련미까지 갖추고 있다. 솜씨 좋은 현대의 예술가가 한껏 멋을 부려 조각해 놓은 듯 현란하다. 화려한

알치곰파에서 가장 아름다운 법당 숨첵. 인도와 카슈미르의 건축 양식이 고스란히 남아 있다.

숨첵법당에 조성돼 있는 관세음보살입상. 화려한 장엄도 눈길을 끌지만 법의 위에 선명한 그림은 천 년 전 사람들의 삶을 보여주고 있다. (사진출처: Alchi, the living heritage of ladakh)

건물 기둥에 비해 소박한 법당 출입문은 매우 작아 법당에 들어서는 순간 저절로 허리가 숙여진다. 법당 중앙에는 알치곰파를 창건한 린첸 잔포 스님을 기리는 초르텐이 세워져 있고 초르텐의 좌우 벽면에 높이 4미터의 관세음보살입상과 문수보살입상, 그리고 뒤쪽에 가장 큰 5.18미터의 미륵불입상이 각각 네 개의 팔을 들어 참배객을 맞이한다. 진흙을 빚어 조성한 입상들은 화려한 채색과 각종 꽃, 영락, 보관으로 장엄돼 있다. 특히 법의를 장식하고 있

숨첵 기둥의 아름다운 조각들.

는 섬세한 그림은 보는 이를 압도한다. 카슈미르 복장을 한 왕과 신하들의 나들이, 악사의 연주와 무희들의 춤을 감상하는 왕과 왕비의 화려한 궁전 생활, 불을 피우고 각종 공양물을 바치는 종교의식, 그리고 천상을 날아다니며 꽃을 뿌리고 음악을 연주하는 천녀 등 당시의 문화와 생활, 그리고 그들이 생각했던 이상향이 천년의 세월을 훌쩍 뛰어넘는 선명한 색채로 살아 움직이는 듯 남아 있다. 벽면은 천불도와 불보살상, 각종 신장상 등의 그림으로 빈틈없이 채워져 있다. 수백, 수천의 불보살상이다. 이 모든 조각과 불보살상, 벽화들이 모두 천 년 전의 것이라니 숨첵이라는 법당 자체가 마치 하나의 공간 안에 천 년의 세월을 응축해 놓은 거대한 타임캡슐같이 느껴진다. 그리고 그 안에 모여 있는 수많은 등장인물들과 눈을 맞출 때마다 그들이 들려주는 지난 천 년 간의 이야기가 들리는 듯해 자꾸 벽화 가까이 다가가게 된다.

알치곰파의 벽화는 인도를 소개하는 사진집에서도 빠지지 않고 등장할 만큼 세련되고 정교하다. 아잔타석굴 벽화와도 종종 비교되는 알치의 벽화들은 카슈미르와 간다라미술이 만나 서로의 장점을 잘 살려냈다는 평가를 받고 있다. 이 섬세하고 아름다운 벽화를 보호하기 위해 알치의 모든 법당 내부에서는 일체 사진을 찍을 수 없다. 대신 제법 잘 만들어진 도록과 엽서 등을 판매하고 있다. 사진을 찍는 대신 책과 엽서 등을 한 가득 구입한다. 마지막 참배객인 우리가 나갈 때까지 기다리던 스님이 우리를 안내해 주겠다며 앞장선다.

라다크의 사원 대부분은 저녁 6시가 되면 문을 닫는다. 알치곰파도 이미 하루 일과를 마무리하는 시간이다. 숨첵과 알치곰파의 대웅전인 듀캉을 참배하고 나오니 이미 해그림자가 두텁게 드리워졌다. 그 사이 곰파에 도착한 라다키 순례단들로 마당이 북적인다. 저들도 험한 길을 지나오느라 예정보다 도착 시간이 늦어졌나보다. 문이 닫힌 법당을 보고 난감할 듯도 싶은데 다들 주저없이 신발을 벗고 땅바닥에서 법당을 향해 삼배를 시작한다. 이마를 땅에 대는 오체투지의 예로 닫힌 문 안쪽에 계신 부처님을 뵙는 것이다. 라다키들은 그 순간 저 법당의 문 없는 문을 지나 부처님을 친견한다. 저 마음이

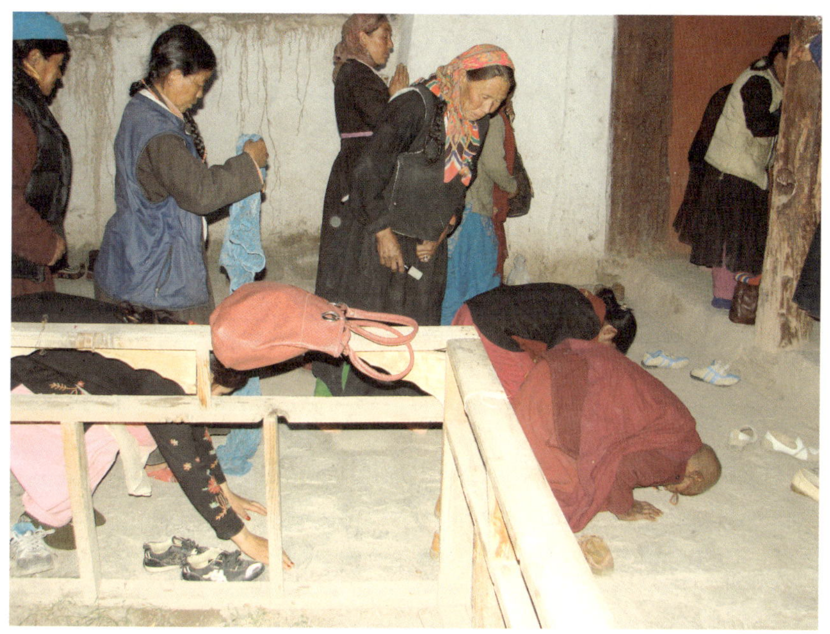

라다키 순례객들이 문 닫힌 법당 앞에서 오체투지를 하고 있다.

어딘들 가지 못하랴.

이들의 정성에 감동한 덕분인지, 아니면 먼 곳에서 찾아온 일행을 위한 특별 배려인지, 뒤따라오던 스님이 열쇠를 가져와 잠겨있던 법당 문을 열어준다. 순식간에 얼굴이 환해진 순례객들이 앞다퉈 스님께 고맙다고 인사를 건네며 법당 안으로 밀려들어간다.

이 법당은 만주스리 라캉, 우리의 문수보살전에 해당한다. 법당 가운데 사각의 기둥이 서 있고 각 기둥의 면에 네 방향을 상징하는 노란색, 하얀색, 빨

간색, 파란색의 문수보살상이 조성돼 있다. 참배객들은 문수보살상이 조성
돼 있는 가운데 기둥을 따라 오른쪽으로 법당을 돌며 보시를 하고 기도를 올
린다. 불과 5분 남짓, 짧은 참배를 마치고 법당을 나서는 순례객들의 얼굴에
미소가 가득하다.

알치곰파의 여섯 개 법당 중 개방되는 곳은 대웅전인 듀캉과 숨첵, 만주스
리 라캉Manjusiri Lakhang, 그리고 로트사바 라캉Lotsava Lakhang 네 곳뿐이다. 로트
사바 라캉을 제외한 세 곳의 법당을 모두 참배했으니 만주스리 라캉 참배에
만족해야 하는 라다키 순례객들에 비하면 우리 일행은 운이 좋은 편이다. 나
이 지긋해 보이는 한 아주머니가 도록을 보여 달라기에 숨첵에 모셔져 있는
비로자나부처님 사진을 펼쳐 보였다. 사진을 본 아주머니는 합장하더니 사
진에 이마를 대고 예를 갖춘다. 갑작스런 아주머니의 행동에 몸 둘 바를 모르
겠다. "사진을 보여줘 고맙다"는 인사까지 받고나니 어안이 벙벙하다. 법당
안에 들어가 불보살상을 친견한 우리 일행과 법당에는 들어가지도 못한 채
사진 속 부처님에게 예를 다한 저 아주머니 가운데 진짜 부처님을 만난 이는
누구일까.

어둠이 내린 곰파 구석에서 불 밝힌 기름등이 가녀린 빛으로 어둠을 몰아
내고 있다. 사원 안엔 변변한 조명시설 하나 없고 인근엔 숙소나 식당도 그리
마땅치 않다. 무엇하나 편리한 것이라고는 없어 보이지만 알치곰파의 아름

다움이 알려지면서 이제는 제법 많은 관광객들이 찾아오고 있다. 더불어 인도정부에서도 알치곰파를 직접 관리하며 훼손되지 않도록 각별한 정성을 기울이고 있다. 지금까지 이곳을 지켜준 것은 라다크의 거친 땅과 쉽게 건너올 수 없는 인더스 강의 험한 물줄기였다. 하지만 사람들의 왕래가 훨씬 자유로워진 지금 알치곰파를 지키는 것은 오직 사람들의 세심한 배려와 노력, 그리고 라다키들의 저 굳센 신심일 것이다.

걷으로 보기에는 소박하다 못해 허물어지고 낡은 이 곰파 안에 이처럼 오랜 역사와 아름다운 유산들이 숨겨져 있으리라 누가 상상이나 할 수 있을까. 어둠에 잠긴 알치곰파를 나서며 다시 한 번 돌아본다. 밤하늘의 별만큼이나 많은 불보살님들이 오늘 밤에도 알치의 소박한 법당에 모여 앉아 도란도란 법담을 나누나보다. 향긋한 꽃향이 밤바람을 타고 스쳐지나간다.

해발 5,602미터 하늘의 땅에 무릎 꿇다

가방 깊숙이 넣어두었던 겨울 점퍼를 꺼낸다. 인도행 비행기에 오르는 순간까지도 '괜히 짐만 되는 게 아닐까' 싶었던 그 점퍼다. 인도, 라다크에 도착한 이후 내내 천덕꾸러기 취급을 받았다. 꼬깃꼬깃 구겨진 채 가방 속에 처박혀 있던 그 점퍼를 아침 눈뜨자마자 서둘러 찾아 꺼낸 것이다. 벌써 며칠째 가방 속에 웅크리고 있었던 탓에 불쌍하리만치 구겨져 있다. 그런 점퍼를 향해 헤어진 애인을 다시 만난 듯 반가움과 미안함 가득 담긴 눈빛을 보낸다. 창밖으로 보이는 저 멀리 라다크산맥에 하얗게 눈이 덮였기 때문이다.

간밤에 비가 내렸다. 저녁 무렵부터 날씨가 흐리기 시작했는데 레 도심에서는 보기 드물게 밤새 비가 내렸다. 같은 시각, 해발 5,600미터를 훌쩍 넘는 라다크산맥 정상에는 비대신 눈이 내린 것이다. 라다크의 겨울 시즌이 성큼 다가왔음이다. 그러니 이 두툼한 겨울 점퍼가 반가울 수밖에. 창문을 열자마

세계에서 가장 높은 자동차도로 카르둥 라. 하얗게 눈이 쌓인 미끄러운 길을 차들이 거북이걸음으로 지나
간다.

자 훅 밀려들어오는 냉랭한 기운에 몸서리치며 점퍼 속으로 파고든다.

오늘은 지구상에서 차가 갈 수 있는 가장 높은 도로, 해발 5,602미터의 카
르둥 라Khardung La를 넘는 날이다. 카르둥 라는 '눈 얼굴의 고개'라는 뜻이다.
이름값을 하기 위함인지, 아니면 일행을 맞이하기 위해 각별히 신경을 썼는
지 카르둥 라는 밤새 하얀 눈으로 곱게 얼굴을 단장했다. 라다크산맥을 베일
처럼 휘감고 있는 희뿌연 구름 사이로 그 하얀 얼굴이 언뜻언뜻 스친다. 그

얼굴을 만나러 가는 길, 전장에 나서는 선발대처럼 비장한 각오로 중무장을 한다.

해발 3,500미터 레에서부터 5,602미터 카르둥 라 정상까지 올라가는 데는 고작 2시간 남짓이면 족하다. 비록 며칠 동안 고산에 적응했다고는 하지만 여기서 2,000미터 이상을 더 올라간다면 어떤 일이 벌어질지 장담할 수 없다. 그러니 할 수 있는 모든 준비를 해야 한다. 우선 아침을 든든히 먹고, 수분을 충분히 섭취할 수 있도록 뜨겁게 끓인 차를 물통 가득 담아 챙긴다. 고산병 예방약도 미리 먹어두고 사탕, 초콜릿, 죽염(과도한 수분 섭취로 인한 저나트륨혈증 예방을 위해) 등도 주머니에 잔뜩 집어넣어 수시로 먹을 수 있도록 준비한다. 무엇보다도 체온이 떨어지지 않도록 두툼한 옷차림에 털모자까지 푹 눌러쓴다. 알고 있는 모든 예방법을 총동원한 셈이다. 이제 세상에서 가장 높은 자동차도로, 하늘로 오르는 길, 카르둥 라를 향해 출발한다.

◎── 눈길에 미끄러지며 벼랑 끝에 선 차

레 시내를 벗어나자 차는 금세 라다크산맥을 타고 오른다. 산등성이 어디에도 나무 한 그루 없다. 덕분에 비탈길을 오르는 내내 산 아래로 레 시내가 빤히 내려다보인다. 푸른빛에 쌓여있는 레와는 달리 라다크산맥에는 듬성듬성 눈이 보이기 시작한다. 아직 녹색의 잎을 간직하고 있는 풀들은 지면에 바짝 붙어서 겨울맞이 차비를 서두르고 있다. 그 위로 성급한 눈이 하얗게 내려앉았다. 마치 흰 풀꽃이 지천에 피어있는 듯하다.

카르둥 라를 오르는 도중 내려다본 레. 맞은편에 보이는 잔스카르산맥에 눈이 하얗게 쌓였지만 레에는 아직 푸른 빛이 남아있다.

하지만 고도가 좀 더 높아지자 그나마 풀들도 자취를 감추고 사방이 하얀 눈이다. 산을 넘어가는 차가 적지 않은 탓에 비포장 흙길은 녹은 눈과 뒤섞여 걸쭉한 진창으로 변해있다. 천 길 낭떠러지 위의 도로엔 가드레일도 없는데 바퀴에 체인을 장착하지 않은 차는 어느 순간부터 눈길 위에서 미끄러지기 시작한다.

처음엔 한, 두 번 헛바퀴가 도는가 싶었다. 조금 불안하긴 하지만 운전대를 잡은 기사에게 "생각보다 나쁘지 않네. 그래도 조심해서 가자."며 태연한 척 허세를 부려본다. 그러다 정상 부근에 다다르자 앞서가던 차들이 줄줄이 멈춰 선다. 그 꼬리를 물고 우리 차도 결국 가파른 비탈길에 서고야 만다.

그런데 이 차가 출발을 못한다. 아니, 오히려 바퀴가 돌 때마다 차가 왼쪽으로 미끄러져 내려간다. 그쪽은 낭떠러지다. 그것도 해발 5,600미터 낭떠러지다. 미끄러운 눈길을 박차고 오르기 위해 차바퀴가 다시 힘을 쓴다. 하지만 한 번, 두 번, 세 번. 번번이 헛바퀴만 돌리며 뒷걸음질치던 차가 이번엔 제법 많이 미끄러지더니 돌멩이 몇 개에 걸려 간신히 벼랑 끝에 섰다. 이건 장난이 아니다. 이 기막힌 지경의 차 안에 앉아있자니 지레 죽을 것 같다. 비명도 나오질 않는다. 평생 이렇게 간절하게 관세음보살님의 자비를 구한 적이 있던가.

차가 잠시 숨을 고르는 사이 재빨리 가방을 챙겨든다. 더 이상 차 안에 앉아 있을 수가 없다. 차라리 걸어서 이 고개를 넘는 한이 있어도 이대로 차 안에서 해발 5,600미터 벼랑 끝에 매달려있고 싶지는 않다.

"걸어서 갈래요. 정상에서 만납시다."

카르둥 라의 도로 표지판은 더 높은 곳, 하늘 가까이 올라가는 길을 알려주는 듯 하다.

대답은 듣지도 않고 차에서 내린다. 그런데 차 밖으로 발을 내딛는 순간, 눈의 동공이 확 벌어지는 듯 눈앞이 아득해지더니 땅이 파도를 친다. 몸은 균형을 잃고 사방으로 휘청거린다. 해발 5,600미터 고산 카르둥 라의 격렬한 환영 인사다. 순식간에 온몸의 감각이 무뎌지고 어지럼증이 몰려든다. 더 이상 버티지 못한 채 그대로 길바닥에 주저앉는다. 잔뜩 공포에 질려 미처 깨닫지 못하는 사이 희박해진 산소와 낮아진 기압이 차에서 내리는 순간 위력을 발휘한 것이다. 온몸의 감각을 무디게 만드는 것만으로는 부족한가보다. 마치 거친 파도 위에 떠있는 조각배에 올라탄 듯 어지러움과 울렁임을 동시에

선사하고 있다.

잠시 그대로 앉아 숨을 고른다. 부족한 산소를 최대한 많이 들여 마시기 위해 심호흡을 크게 하며 주위를 둘러본다. 꼬리를 물고 서 있는 다른 차 안의 풍경들도 이미 말이 아니다. 특히 외국인으로 보이는 이들은 차 안에서 그야말로 사투를 벌이고 있다. 심한 두통을 겪는지 손으로 머리를 쥐어 싸고 있는 사람의 표정이 처절하고, 이미 정신이 반쯤 나간 채 의자 위에 벌렁 쓰러져 있는 사람도 애처롭다. 저만치 떨어져 있는 차에선 창밖으로 연신 헛구역질을 하고 있다. 한눈에 보아도 모두들 고산증이다. 그에 비하면 길바닥에 주저앉는 정도에 그쳤으니 훨씬 양호한 편이다.

잠시 정신을 가다듬는 사이 차는 벼랑 끝에서 벗어나 도로 안쪽으로 조금 들어와 있다. 하지만 저 차에 다시 올라타고 싶은 생각은 추호도 없다. 뒤도 안 돌아보고 야멸치게 돌아서서는 카르둥 라 정상을 향해 숨찬 걸음을 옮긴다. 100미터 전력질주를 해본 게 언제였던가. 기억도 까마득하지만 그때만큼이나 숨이 가쁘다. 불과 몇 걸음 옮겼을 뿐인데 허리를 펴지 못할 정도로 헐떡거린다.

그렇게 가쁜 숨을 몰아쉬며 걷다보니 머리 위로 타르초가 펄럭인다. 카르둥 라 정상이다. '카르둥 라. 해발 18,380피트(5,602미터), 세상에서 가장 높은 자동차도로'라는 표석이 오색의 타르초 아래 당당히 서 있다. 옅은 구름이 사방에 가득해 산 아래로는 아무것도 보이지 않는다. 어디가 하늘이고 어디가 땅인지 구분도 되지 않는다. 하얀 구름에 휘감긴 하늘, 하얀 눈에 뒤덮인 땅. 온통 흰색인 그곳에서 카르둥 라는 하늘 허리에 덩그러니 떠있는 한 조각

카르둥 라 정상. 오색의 타르초가 봉우리를 이룬 아래서 고갯길을 넘어온 차들이 잠시 휴식을 취한다.

쉼터다. 그저 여기가 하늘 가까운 곳이라는 감격에 두려움도, 가쁜 숨도, 어지러움도 잠시 잊는다.

◎── 허공을 가로지른 한조각 고갯길

카르둥 라 정상에선 모든 것들이 잠시 쉬어간다. 고산증을 참아내며 올라온 사람들은 세계에서 가장 높은 찻집임을 자처하는 이곳 카페테리아에서 차를 마시며 숨을 고르고, 눈길을 헤치고 온 차들도 잔뜩 가열된 엔진을 잠시

카르둥 라 정상에 주둔하는 인도 군부대의 군인들.

식힌다. 세상에서 가장 높은 화장실도, 세상에서 가장 높은 군대 캠프도 이곳에 있다.

카르둥 라가 처음 건설된 것은 1976년 군사적 목적을 위해서였고 지금도 이곳을 통과하려면 허가증이 필요하다. 그 허가증을 확인하기 위해 멈춰선 차와 사람들로 인해 카르둥 라 정상은 늘 북적인다. 군사시설이었던 카르둥 라가 지금과 같은 자동차도로로 개방된 것은 1988년에 이르러서다. 그리고 이제는 자동차뿐 아니라 오토바이나 산악자전거로도 이 길을 넘는다. 어떤 교통수단을 이용할지는 전적으로 개인의 선택이며 각자 의지와 체력의 문제다.

고갯길 카르둥 라의 역사는 그보다 훨씬 오래됐다. 중앙아시아와 서역을 이어주는 실크로드의 주요 루트 가운데 하나가 바로 이 카르둥 라였다. 중국의 중앙아시아에서 출발한 옛 카라반들은 카르둥 라를 넘어 레를 지나 오늘날의 인도와 파키스탄 등 서쪽으로 이동할 수 있었다. 전성기에는 약 1만 마리의 말과 낙타가 해마다 이 고갯길을 오갔다고 한다. 그 흔적은 카르둥 라 너머 누브라Nubra계곡에 아직까지도 남아있는데 바로 쌍봉낙타다. 몽골의 고비사막에 주로 살던 일명 '사막의 배'가 이곳에서도 발견되는 것이다. 카라반들의 발이 되어 이곳까지 유입된 쌍봉낙타가 지금도 누브라계곡의 북쪽 훈데르Hunder지역을 중심으로 길러지고 있다.

이 고개를 넘어가면 카라반들의 낙원, 누브라계곡이다. 죽을 힘을 다해 이 고갯길을 넘어선 이들만이 만날 수 있었던 휴식과 온기의 땅이다. 하지만 지금은 이곳에서 잠시 쉬어야겠다. 사람의 땅을 너무 멀리 떠나온 탓인지, 아니면 감히 하늘의 땅에 너무 가까이 다가선 탓인지 온몸으로 그 대가를 혹독하게 치르고 있다.

구름이 조금만 비켜준다면, 저 아래 펼쳐지는 광경이 보일 터. 하늘의 땅에서 내려다본 인간의 땅은 어떤 모습일까. 아쉬운 마음에 자꾸 아래를 굽어보지만 구름은 꿈쩍도 않는다. 이제 막 하늘길에 발을 들인 초면의 객에게 그렇게 쉽게 비경을 열어줄 리 없다. 머리 위에서 펄럭이는 타르초를 올려보며 히말라야의 한 자락을 향해 기원한다. '다음에 다시 온다면 그때는 부디 구름을 걷어 하늘의 땅을 보여달라'고. 카르둥 라 정상에 걸려있는 수천 개의 타르초가 사방으로 오색의 빛을 흩뿌리며 끝없는 흰색 풍경을 달래준다.

카라반 머물던 중앙아시아의 길목

연예인들이 흔히 하는 말 가운데 하나가 "자고났더니 유명해졌더라"이다. 그 말이 딱 맞는 상황은 아니지만 그야말로 자고났더니 세상이 바뀌었다.

해발 5,602미터 카르둥 라의 정상을 지나자마자 깜빡 잠이 들었다. 이번 여정 내내 한순간, 한 장면도 놓치지 말자며 이동하는 자동차 안에서 결코 잠들지 말자는 원칙을 세웠다. 이 다짐을 비교적 잘 지켜왔건만 카르둥 라를 넘었다는 안도감에 깜빡 잠이 든 것이다. 하지만 30여 분도 채 지나지 않아 덜컹거리는 차 소리에 잠이 깬다. 그리고는 곧바로 창 밖에 펼쳐진 누브라계곡에 시선이 멈춰 버린다. '초록의 계곡'이라는 이름만큼이나 아름다운 골짜기에 그대로 눈을 빼앗긴다. 지금까지 지나온 라다크에선 볼 수 없었던 것, 바로 푸른 초지가 계곡을 따라 펼쳐져 있다. 기온이 떨어지기 시작하면서 짙푸

누브라계곡에서 만난 야생 야크. 라다크를 대표하는 동물 가운데 하나다.

른 풀빛은 조금 사그라졌지만 그래도 분명 푸른 초원이다. 얼마만에 만나보는 푸른빛인가. 그동안의 추위와 메마름에 뻑뻑해진 눈이 싱그러운 푸른빛을 만나자 샤워를 한 듯 촉촉해진다.

◉—— **푸른 초원에서 마주친 야크 무리**

푹신한 양탄자처럼 깔려있는 초원 중간 중간엔 검은 점들처럼 야크 떼가 흩어져 있다. 땅에 닿을 듯 말 듯한 흑갈색의 긴 털을 갖고 있는 야크는 라다

누브라계곡을 따라 흐르는 속강은 푸른 하늘을 닮아 버린 듯 푸른 빛이다. 푸른 하늘과 푸른 강, 그 사이로 펼쳐진 푸른 초원은 '꽃의 계곡'이라는 누브라계곡의 별명을 설명해주는 듯 아름답다.

크를 대표하는 야생동물 가운데 하나다. 체구가 당당하고 멋진 이 짐승을 라다크에 도착한 후 줄곧 찾았다. 하지만 여태껏 모습을 보지 못했는데, 그 야크가 이곳 누브라계곡에서 가장 먼저 일행을 맞아준다. 보통 키가 2미터, 덩치 큰 수컷은 몸길이가 3미터 이상이고 체중이 1톤에 육박하는 놈들도 적지 않다. 암수 모두 하늘로 향하는, 우아하게 구부러진 큰 뿔을 갖고 있다는 점이 야크의 특징이다. 고산 생활에 완벽하게 적응한 이 멋진 동물의 다리는 짧지만 굵고 단단해 보인다. 어깨 아래쪽과 옆구리에서부터 자라나온 털은 술장식처럼 길게 늘어져 발목까지 내려온다. 꼬리에도 그만큼 긴 털이 치렁치렁하다. 혹독한 고산의 추위와 눈에도 끄떡없는 천연 코트인 셈이다. 이렇게 무리를 이루고 있는 야생 야크는 주로 암컷과 딸린 새끼들이라고 한다. 수컷 야크는 히말라야의 고산 자락을 따라 혼자 돌아다니거나 수컷들끼리 10여 마리 정도의 무리를 이루어 생활한다.

　야크와 비슷해 보이는 동물로 라다크에서 비교적 흔히 볼 수 있는 가축이 조모Dzomo다. 조모는 암소와 야크의 교배종으로 농경사회인 라다크에서 가장 중요하고 쓸모 있는 가축이었다. 물론 오늘날도 대부분의 가정에서 조모는 귀한 재산이며 힘 센 농사꾼이다. 야생 야크의 피를 물려받은 조모는 자존심이 강하고 고집도 세다. 서투른 농부가 서둘러 몰아대서는 결코 조모를 움직이게 할 수 없다. 그러니 길가에서 조모와 마주치게 되면 스스로 움직여 피할 때까지 기다리거나 천천히 뒤를 따라가 주는 여유가 필요하다.

　계곡을 따라 펼쳐져 있는 푸른 초원과 그 위에서 한가로이 풀을 뜯고 있는 야크. 이곳이 정말 라다크의 일부인지 눈이 의심스러울 지경이다. 방금 넘어

야크와 암소의 교배종인 조모도 흔히 볼 수 있다.

온 카르둥 라의 눈 덮인 겨울 풍경과는 너무 다른, 너무 빠른 장면 전환에 한동안 눈앞이 얼떨떨하다.

사실, 해발 5,602미터의 카르둥 라를 넘으면 그때부터는 중앙아시아에 접어든 셈이다. 그리고 이곳 누브라계곡은 중앙아시아가 시작되는 곳이기도 하다. 말과 낙타 등에 짐을 싣고 동에서 서로, 또는 서에서 동으로 오가던 옛 카라반들에게 누브라계곡은 험난한 고갯길을 넘어 선 후 비로소 만끽할 수 있는 푸른 휴식의 땅이었다. 중앙아시아의 먼 길을 지나온 상인들도 서역의 관문을 통과하기 전 이곳에서 마지막 휴식을 취했다. 카르둥 라를 넘기 위해

속강을 따라 형성된 모래밭은 훈데르 지역에 이르면 그 넓이가 사막 같이 커진다. 그 풍경조차 몽골의 고비 사막과 흡사하다.

서는 체력과 장비를 꼼꼼히 점검해야 했기 때문이다.

군이 그런 이유가 아니라도 '꽃의 계곡'이라는 별명을 갖고 있는 누브라계 곡은 카라반들의 발길을 붙잡기에 충분할 만큼 아름답다. 추위가 물러나고 여름이 되면 짧은 온기를 놓칠 새라 계곡의 식물들은 앞다투어 새잎을 내고 꽃을 피운다. 계곡을 따라 흐르는 속Shyok강 주변은 그대로 한다발 꽃이 된다. 농부들 역시 그 틈에 코발트색 강물을 퍼올려 비옥한 강 주변의 땅에 농사를 짓는다. 그렇기에 누브라계곡은 라다크에서도 가장 풍요로운 땅으로 손꼽힌다.

고갯길을 조금 내려오니 누브라계곡의 젖줄 숏강이 눈 아래 펼쳐진다. 푸른 하늘 한줄기가 땅으로 흘러 그대로 강이 된 듯 하늘색과 쏙 빼닮은 푸른빛이다. 하늘과 맞닿아 있는 산봉우리엔 눈이 하얗지만 조금만 밑으로 내려오면 풀 한포기 없는 라다크산맥이 맨살을 드러낸 채 강을 따라 이어진다. 그리고 그 메마른 산을 어루만지듯 흐르는 숏강과 강을 따라 점점이 펼쳐지는 푸른 초원. 카르둥 라의 고단함 따위는 이미 다 잊고 묵묵히 이 아름다움을 즐길 뿐이다.

◎── 사막 떠난 낙타의 제2 고향

누브라계곡 여행은 칼사르Khalsar마을에서부터 시작된다. 마을이라고는 하지만 길가를 따라 서 있는 허름한 흙집 몇 채가 전부인 이곳을 지나면 길은 두 갈래로 갈라진다. 오른쪽 길은 숏강을 건너 수무르Summor를 지나 인도령 마지막 마을인 파나믹Panamik까지 이어진다. 왼쪽 길은 숏강을 따라 디스킷Diskit과 훈데르Hunder로 이어진다. 훈데르 역시 누브라계곡에서 민간인이 갈 수 있는 마지막 마을이다. 중국과의 국경 분쟁이 계속되고 있는 인도의 현실이 여행객의 발길을 멈추게 만든다.

하지만 훈데르까지는 가보기로 한다. 그곳에는 몽골의 고비사막에서부터 중앙아시아를 거쳐 이곳까지 온 쌍봉낙타가 있다. 카라반들을 따라 이곳까지 이동해온 낙타 가운데 어떤 이유로 이곳에 버려졌거나 혹은 대열에서 이

누브라계곡의 쌍봉낙타. 몽골의 고비사막이 고향인 녀석들은 이곳에서도 잘 적응했다.

탈한 놈들이 이곳에서 야생 낙타로 살아온 것이다. 더 놀라운 것은 이역만리 떨어진 이곳에 낙타들의 고향인 몽골 고비Gobi사막과 흡사하게 생긴 사막이 있다는 점이다. 그렇기에 낙타들 역시 이곳을 제2의 고향이라 여기며 정착(?)한 것은 아닐까. 훈데르에 도착, 눈앞에 펼쳐진 '사막'을 보는 순간 혼자만의 상상이 확실한 신념으로 바뀌어 버린다. 물론 사막을, 더욱이 고비사막을 한 번도 본 적은 없지만 말이다.

강을 따라 만들어진 모래밭은 그 넓이가 사막이라 부르기에 부족함이 없다. 사막 하면 떠오르는 유장한 곡선의 모래언덕, 무엇보다도 '사막의 배'라 불리는 낙타들이 무리를 지어 모여 있으니, 분명 사막의 한 장면과 다르지 않다.

가까이 다가가 보니 낙타의 덩치가 생각보다 훨씬 크다. 동물원에서 본 낙타 외에 이렇게 가까운 거리에서, 그것도 등에 혹이 둘 달린 낙타를 직접 만져보기는 생전 처음이다. 장난스런 미소를 짓고 있는 듯한 낙타의 얼굴, 커다란 눈망울에 긴 속눈썹과 말쑥하게 빗어 올린 듯 단정해 보이는 머리털이 더없이 친근하다. 그렇게 순해 보이는 놈을 골라 올라타고는 잠시 사막 횡단의 기분을 느껴본다. 등에 달린 두 개의 혹 사이에 두툼한 양탄자를 하나 깔고 그 위에 올라앉으면 그만이다. 별다른 안장도 고삐도 없지만 어슬렁어슬렁 느리게 걷는 낙타 위에서 균형을 잡는 것은 그리 어렵지 않다.

전 세계적으로 남아있는 야생 쌍봉낙타의 수는 약 800여 마리뿐이란다. 몽골의 고비사막에 대다수가 모여 있고 이란, 아프가니스탄, 파키스탄, 중국 등에도 조금씩 흩어져 있다. 세계적인 보호종으로 지정돼 있지만 이곳처럼 상당수의 쌍봉낙타들은 가축화되어 사람의 손에서 길러지고 있다. 쌍봉낙타가 가축이 된 것은 천 년도 훨씬 지난 이전부터라고 하니 그 역사가 장구하다. 이곳 훈데르에도 약 170여 마리의 쌍봉낙타가 있는데 주로 관광객 대상 낙타사파리에 활용된다. 덕분에 낙타들은 물과 먹이도 없이 사막의 뙤약볕 아래를 며칠씩 걷지 않아도 된다. 관광객들의 사파리체험은 왕복 1시간이면 족하니 발바닥이 넓어서 사막의 모래를 걷기에 적합한 다리도 그 실력을 발휘할 기회가 많지 않다. 사람들이 만들어준 우리가 있으니 급격히 떨어지는 사막의 밤 기온으로부터 체온을 지켜줄 긴 털도, 사막의 모래 폭풍을 막는데 아주 적합하게 진화한 개폐식 콧구멍도 그리 요긴하지 않을 터다. 그러니 이

누브라계곡의 마지막 마을 훈데르에 펼쳐진 사막에선 낙타사파리를 즐길 수 있다. 단조롭게 이어지는 모래 언덕 사이를 낙타는 무심하게 걸어간다.

곳에서 나고 자란 이 낙타들에게 중앙아시아, 몽골의 고비사막은 그저 멀고 먼 타향일 뿐이다. 어쩌면 저 낙타들은 자신들의 발바닥이 왜 그리 크고 넓은지, 속눈썹이 왜 그토록 길며 콧구멍은 왜 자유롭게 여닫을 수 있는지 이유를 모를 수도 있다. 등 위에 우뚝 솟아있는 두 개의 혹이 무엇을 의미하는지도. 그 의미를 깨닫기에 저들의 고향은 너무도 멀리 떨어져 있지 않은가.

익숙한 곳, 낯익은 땅으로부터 멀리 떨어져 있기는 우리 역시 저 낙타와 다르지 않다. 문득 사막은 외로운 땅이라는 생각이 든다. 단조롭게 이어지는 모래 언덕 사이를 무심히 걷고 있는 낙타의 규칙적인 흔들림을 따라 어디선가 외로움이 타박타박 따라온다.

'그 사막에서 그는 / 너무도 외로워 / 때로는 뒷걸음질로 걸었다. / 자기 앞에 찍힌 발자국을 보려고._오르텅스 블루'

시인의 말처럼 뒤를 돌아보니 모래위에 우리를 태운 낙타의 발자국이 선명하다. 하지만 외로움에 빠져 있기엔 누브라계곡의 하늘빛은 너무도 파랗고 바람은 따뜻하다. 아름다운 날, 아름다운 땅이다.

절 마당서 뛰노는 동자스님 웃음서 작은 부처를 보다

육지서만 살던 사람들이 배를 타면 뱃멀미를 하고, 배를 오래 탄 사람들이 육지에 내리면 땅멀미를 한다. 오르막과 내리막이 반복되는 고갯길의 땅 라다크에 제법 익숙해졌는지 평지를 달리는 기분은 차라리 지루하다. 이건 평지멀미라고 해야 하나. 간혹 비포장도로가 나오기도 하지만 누브라계곡의 도로들은 라다크의 다른 지역과 달리 평지에서 평지로 이어진다. 몸이 편해지니 부지런한 손은 연신 카메라 셔터를 누르느라 바쁘지만 게으른 눈은 아름다운 풍경을 맘껏 즐기며 호사를 부린다.

슉강을 따라 북쪽으로 올라가다 강을 건너면 누브라강을 따라 길이 계속된다. 강줄기를 따라 넓게 펼쳐져있는 모래강변엔 누군가가 세워 놓은 초르텐이 줄지어 있다. 근방에 인적이라고는 없는데 누가 저 초르텐을 만들었을지 궁금하다.

누브라계곡의 모래 강변을 따라 세워져 있는 초르텐. 누가 저 초르텐을 조성했을지 궁금하다.

초르텐은 누구나 조성할 수 있다. 개인이 세우기도 하고 혹은 마을 사람들이 힘을 모아 세우기도 한다. 초르텐을 세울 때는 좋은 날을 고르고 스님을 초청해 법회를 봉행한다. 하지만 우리나라처럼 스님이 직접 불사금을 모아 초르텐을 세우는 일은 없다. 주로 개인이 공덕을 쌓기 위해, 혹은 내생의 복을 기원하며 초르텐을 세우지만 세상의 평화와 행복을 위해 세워지는 초르텐도 많다. 인적 드문 강변에 서 있는 초르텐은 아마도 후자에 해당될 것이다.

◎── 왕궁보다 더 화려한 곰파

강변을 따라 평화롭게 이어지던 길은 작은 마을 수무르로 들어선다. 수무르는 한눈에 보아도 작고 소박한, 예쁜 마을이다. 낮은 담장 너머로 마을 주민들의 흙집이 올망졸망 모여 있고 마을 입구에서부터 사원들이 곳곳에 자리 잡고 있다. 이곳의 대표적인 사원 삼텐링Samstanling곰파는 일곱 개의 작은 사원들이 모여 있는 커다란 사원군의 중심이다. 제법 복잡한 마을 길을 지나 곰파 앞에 다다르니 넓은 마당을 앞에 두고 우뚝 솟은 삼텐링곰파의 입구가 화려하다.

검붉은 기둥이 금빛 문양들로 장식돼 있다. 입구를 지나 법당까지 이어지는 계단에도 붉은 벽돌이 깔려 있어 마치 레드카펫을 펼쳐놓은 듯하다. 하얀색 건물에 붉은 창문, 금색 지붕을 이고 있는 삼텐링곰파의 법당은 왕궁처럼 화려하다.

하지만 진짜 왕궁은 삼텐링곰파와 마주보고 있는 맞은편 언덕 위에 있다.

150년의 역사를 자랑하는 삼텐링곰파는 혈기 왕성한 청년처럼 싱그러운 기운을 간직하고 있다. 말쑥하게 새 단장을 한 곰파 내부는 라다크불교의 위상을 보여주는 듯하다.

짜라사Charasa로 불리는 궁전이다. 누브라계곡이 레 왕국의 통치를 받기 전까지 이 지역 주인이던 누브라 왕실의 겨울궁전이다. 하지만 지금은 낡고 허물어진데다 관광객의 발길조차 드물어 저곳이 왕궁이었다는 사실이 믿기지 않는다.

그에 비하면 이곳 삼텐링곰파는 혈기 왕성한 청년처럼 활기 넘치고 아름답다. 사실 삼텐링은 역사가 150년 이상 된 고찰이다. 달라이 라마가 인도로 망명한 후 이곳을 중창해 더욱 말쑥해졌다. 그 후 달라이 라마는 자주 이곳을 방문해 법회를 열곤 한다. 이곳 스님 역시 겔룩파를 대표하는 고승 가운데 한 분이란다.

그런 사원의 위상을 보여주듯 삼텐링곰파에는 50여 명의 스님들이 생활하고 있다. 법당 앞마당 바닥엔 정체를 알 수 없는 작은 철문이 있는데 문을 젖혀보니 그 아래 지하가 커다란 곡물 창고다. 입구는 어른 한 명이 간신히 들어갈 수 있을 정도의 크기지만 아래쪽 공간은 넓이가 만만치 않아 보인다. 이렇게 넓은 곡물 창고가 있어야 될 만큼 곰파의 대중이 많다는 뜻이다.

이 크고 화려한 곰파 건물들 가운데 일반에게 공개되는 곳은 법당 두 곳뿐이다. 그것도 스님이 문을 열어주어야만 들어갈 수 있다. 대낮인데도 법당 문에 자물쇠를 꼭꼭 채워 놓은 것이 눈에 거슬린다. 입구엔 '카메라 플래시를 꺼라'는 안내판까지 붙어 있다. 안에 뭐가 있길래 그러는지 잔뜩 부푼 호기심을 안고 법당에 들어선다. 그리고 법당은 그 호기심을 단박에 채워준다.

화려하게 채색된 프레스코화가 벽에 가득하고 연대를 가늠하기 어려워 보이는 탕카들도 즐비하다. 이곳의 탕카는 앞서 보았던 다른 곰파들의 탕카보

삼텐링곰파의 법당 안에는 훌륭하게 복원된 프레스코 벽화와 고색창연한 탕카가 즐비하다.

다 더 섬세하고 화려한 것이 예사롭지 않아 보인다. 방문객 안내 소임을 맡은 젊은 스님은 우리 일행이 법당을 참배하고 탕카와 벽화 등을 다 둘러볼 때까지 묵묵히 기다려 준다.

법당을 나오는데 입구 쪽에서 또 한 명의 참배객이 들어온다. 긴 머리카락을 수십 가닥으로 나눠 쫑쫑 땋아 늘인, 일명 '레게머리'를 한 서양인 남자다. 라다크지역 곰파 순례에 제법 익숙한 듯 신발을 벗더니 스님에게 안내를 부탁한다. 스님은 그 남성을 따라 다시 법당으로 들어간다. 하루에도 얼마나 많은 참배객이 오갈까. 수십 번 저렇게 법당을 드나들 것이다. 하지만 지루한 기색도, 귀찮은 기색도 없이 묵묵히 자신의 소임에 충실한 스님에게 합장으로 감사의 인사를 대신한다.

◉── 반갑게 손 흔드는 동자스님들

계단을 내려오는데 저쪽에서 왁자지껄 아이들 소리가 들린다. 소리를 따라가니 한무리의 동자스님들이다. 들꽃이 가득 피어있는 예쁜 화단이 담장을 대신하고 있고 그 너머엔 단정한 요사채들이 줄지어 있다. 그 앞에서 동자스님들이 무슨 일 때문인지 무리지어 있다. 커다란 가방을 놓고 잔뜩 들뜬 얼굴로 이야기 나누는 모양새가 아마 곧 어딘가로 여행을 떠나는 듯하다. '학교 건물 출입 금지'라는 안내판이 입구에 있다. 이곳은 삼텐링곰파가 운영하는 동자스님들의 학교다. 안내판 덕분에 선뜻 들어가지 못하고 담장 너머에서 학교 안을 들여다본다. 삼텐링곰파에서 느껴지는 밝고 싱그러운 기운은 아마도 저 동자스님들의 활기찬 목소리와 웃음소리 덕분이었나 보다.

안을 기웃거리는 낯선 외국인을 알아챈 스님들은 번거로워서인지 아님 부끄러워서인지 고개를 돌려 눈길을 피한다. 괜히 동자스님들의 즐거운 한담을 방해한 듯해 머쓱해진다. 그렇다고 해서 인사를 전하기도 마땅치 않아 서둘러 발길을 돌린다.

사원 입구를 나서니 길가에서도 동자스님들이 모여 신나는 놀이에 정신이 팔려있다. 다가가 보니 축구와 굴렁쇠 돌리기를 하고 있다. 조금 큰 스님들은 축구를 하고 있고 더 어린 스님들은 '형님 스님'들이 축구를 하는 옆에서 굴

절 마당에서 굴렁쇠를 굴리며 신나게 뛰어노는 동자스님.

삼텐링곰파에 위치하고 있는 불교학교의 동자스님들. 외출 준비를 하는지 싱글벙글이다.

렁쇠를 돌리고 있다. 축구하는 스님들의 신발이라야 슬리퍼가 고작이지만
공 다루는 솜씨는 제법이다. 이제 갓 열 살이나 됐을까 싶은 어린 스님들은
굵은 철사를 동그랗게 엮어 만든 굴렁쇠를 똑같은 철사로 만든 손잡이로 돌
리며 절 마당을 뛰어다니고 있다. 저렇게 가느다란 굴렁쇠를 다루기가 쉽지
않을 텐데 참 잘도 굴린다.

　비록 스님이지만 아이들의 뛰노는 모습이 귀엽고 예쁘기는 마찬가지다.
한참을 서서 구경하고 있는데 한 스님이 우리를 보고 손을 흔든다. 그러고는
금세 축구놀이에 정신이 쏠린다. 가까이 가서 이야기라도 나눌까 싶지만 저

즐거운 놀이에 방해가 될 것 같아 그냥 바라보는 것으로 만족한다.

우리나라에선 절 마당에서 아이들이 뛰어노는 것을 보기가 쉽지 않다. 사찰에서 소란을 피우면 안 된다는 고정관념 때문이다. 아니, 절에서 아이들을 보기도 쉽지 않다. 이렇게 많은 동자스님들이 뛰노는 모습은 더더군다나 흔치 않다. 부처님오신날 단기 출가한 동자스님들에게 스포트라이트가 비춰지는 것도 그만큼 보기 드문 광경이기 때문이다.

하지만 이곳엔 동자스님들의 웃음소리가 가득하다. 부처님 가르침을 배우고 수행도 하겠지만 아직은 저렇게 뛰어노는 것이 더 좋은 나이일 테니까. 그리고 머지않아 저 동자스님들이 라다크 불교를 이끌어가는, 티베트불교의 전통을 계승하는 주역들이 돼 있을 것이다. 저 가운데에서 존경받는 스승도 나올 것이고, 수행의 성취를 이룬 고승도 나올 것이다. 비록 그들을 향해 손 흔드는 것으로 인사를 건네고, 먼 발치에서 합장으로 작별을 대신하지만 수많은 미래의 고승을 한자리에서 친견한 건 아닐까. 알 수 없는 기쁨에 돌아서는 걸음이 두근두근 설렌다.

햇살에 빛나는 사원은 절벽 오르내린 신심의 결실

간밤엔 누브라계곡 북쪽 마을 디스킷에 여정을 풀었다. 디스킷은 누브라 계곡에서 일반인 출입이 가능한 마지막 마을 훈데르 바로 아래 남쪽에 위치하고 있다. 겉으로 보기에는 작고 소박한 시골 마을이지만 누브라 지역 행정의 중심지다. 인도 최북단 라다크를 통틀어서도 가장 북쪽에 위치한 사원이 있는 곳이기도 하다. 마을 이름을 따서 그대로 디스킷곰파라 부른다. 오늘의 목적지다.

출발 예정 시간보다도 훨씬 이른, 새벽녘에 눈을 떴다. 소란스런 바깥 때문이다. 아직 해도 뜨지 않았는데 게스트하우스 마당이 떠들썩하다. 무슨 일인지 창문을 빠끔 열고 내다보니 촬영용 카메라와 마이크 등 방송 장비들이 한가득 쌓여있다. 다시 잠들기는 애초에 틀렸다. 세수도 미뤄둔 채 테라스로 나가 잠시 구경꾼이 된다. 라다키들과는 확연히 구분되는 전형적인 인도풍 얼굴의 리포터와 스텝들이 분주히 촬영 준비 중이다. 소란한 그들을 잠시 구경하다 고개를 돌려보니 여명이 밝아오는 푸른 어둠속에 하얀 구름이 선명하다. 그리고 그 여명을 따라 맞은 편 산 중턱, 마을을 굽어보는 높은 곳에 위치한 하얀 곰파에 오늘의 첫 햇살이 떨어져 내리기 시작한다. 이제 막 얼굴을 내미는 햇살을 받아 곰파가 하얗게 빛나고 있다. 산이 높아 골짜기 아래 마을에는 아직 해가 들지 않았지만 산 중턱에 자리한 곰파는 옅은 어둠이 깔려 있는 속세와 전혀 다른 피안인 듯 밝은 빛 가운데서 웅장하고 아름다운 자태를 점점 더 선명히 드러낸다. 마을을 굽어보고 있는 디스킷곰파다.

불과 1~2분 만에 끝나버린 그 짧은 일출 동안 곰파가 빚어낸 숨 막히는 아름다움이 그 순간을 영원처럼 각인시켜버린다. 라다크가 숨기고 있던 속살의 아름다움을 이제 하나 더 발견한 듯하다.

정신을 차리고 다시 돌아보니 마당에선 본격적인 촬영이 시작된다. 날이 밝아지자 리포터의 설명이 분주하다. 알아들을 수는 없지만 게스트하우스와 누브라계곡에 대해 소개하는 게 분명하다. 아침 식사도 할 겸 정원 테이블에 자리를 잡고 앉아 오늘 일정을 정리한다. 식사를 마칠 즈음, 호텔직원이 다가와 대뜸 묻는다. "촬영 좀 하고 싶다는데 괜찮을까요?" 무슨 말인가 싶어 눈만 껌뻑껌뻑한다. 애기인즉, 아침부터 소란을 떤 촬영팀은 인도에서도 남쪽인 케랄라Kerala의 한 지역 방송국에서 왔는데 일주일에 한 편씩 인도의 주요 관광지를 소개하는 다큐멘터리 프로그램을 만들고 있다는 것. 이번에 라다크지역을 소개할 예정인데 우리 일행을 인터뷰하고 싶다는 것이다. 왜 하필 우리인가? 주위를 둘러보니, 이 게스트하우스에 묵고 있는 동양인은 우리 일행뿐이다. 지금 이 마을에 있는 동양인도 우리뿐이란다. 당연히 눈에 띄었

깎아지른 절벽 위에 서 있는 디스킷곰파가 아침 햇살에 빛나고 있다. 이 곰파는 마을 사람들이 흙과 돌을 지고 수없이 비탈길을 오르내리며 지은 사원이다.

을 것이다. 어느 나라에서 왔는지, 어떻게 이곳을 알게 됐으며 어떤 곳이 인상 깊었고 풍경과 사람들에 대한 느낌은 어떤지 등등. 그들이 궁금해 하는 것 역시 우리가 라다크에 대해 알고 싶은 것과 크게 다르지 않다. 라다크가 인도 땅이고 이곳 사람들 역시 인도국민인 것은 분명하지만 라다크 바깥지역, 대다수의 인도인들에게도 라다크는 쉽게 찾아갈 수 없는 멀고 먼 오지임이 분명하다. 성의껏 답변해주고 예정보다 늦어진 일정을 만회하러 길을 서두른다.

◎—— **절벽 위 둥지 튼 500년 역사 사원**

디스킷곰파는 인도 최북단 라다크에서도 가장 북쪽에 위치하고 있는 사원이다. 마을 어디서나 보이는, 마을을 굽어보고 있는 곰파답게 깎아지른 듯 위태로운 절벽 위에 서 있다. 곰파로 가는 길은 비교적 잘 닦여 있고 곰파로 오르는 길에 내려다보는 마을과 누브라계곡의 풍경도 일품이다.

약 100여 명의 스님들이 있다는 디스킷곰파는 600여 년 전에 지어진, 누브라계곡에서 가장 오래된 사원이다. 이 지역의 옛 곰파 가운데 규모도 가장 크다.

아침 9시 문을 여는 곰파의 첫 방문객이다. 입구에서 노스님 한 분이 반가운 얼굴로 일행을 맞아준다. "줄레, 줄레." 문을 열어주며 만면에 웃음을 가득 머금은 스님이 먼저 인사를 건넨다. 스님의 환대에 좋은 하루가 될 것 같은 예감이 든다. 곰파 안 여기저기서 하루를 시작하는 스님들이 오간다. 다들 물통을 하나씩 들고 있다. 물을 떠가는 것이다. 그러고보니 곰파의 가장 높은 곳에 자리하고 있는 법당을 제외하고 그 아래로는 작은 방들이 다닥다닥 붙어있다. 방이 몇 개나 되는지 헤아리기도 쉽지 않다. 전부 스님들이 사용하는 요사다.

디스킷곰파는 1420년 세랍 장포Sherap Zangpo 스님에 의해 창건됐다. 마을 사람들이 직접 돌과 흙을 등에 지고 올라와 이 곰파를 지었다. 차는 당연히 없고 도로 여건도 열악했던 당시에는 마을에서부터 물을 가져오기가 힘들어 절 옆의 까마득한 계곡 아래에서 물을 길어 올렸단다. 지금은 계곡에서부터 곰파까지 파이프를 연결해 모터로 물을 끌어올린다. 지금도 절 아래 골짜기에는 물을 지고 오르내리던 나무계단이 그대로 놓여있다. 오랜 세월에 낡을 대로 낡아버린 나무계단은 허물어질 듯 위험천만하지만 언제 다시 필요할지 몰라 철거하지 않고 그대로 두었다. 절벽의 험준한 바위에 위태롭게 놓여있는 좁은 외길의 나무계단을 오르내리며 물을 길어왔을 마을 사람들과 스님들의 신심, 그리고 용기가 그저 감탄스러울 뿐이다.

아직 이른 시간이라 곰파에 방문객이라고는 우리뿐이다. 그런 일행이 반가운지 한 스님이 우리를 방으로 초대한다. 법당 참배를 마치고 내려올 때 꼭 들러서 차를 한 잔 마시고 가란다. 스님 방으로의 초대라니! 아침부터 예감이 좋더니 횡재한 기분이다. 스님께 꼭 들르겠다고 약속을 하고 서둘러 법당으로 향한다. 디스킷곰파의 가장 높은 곳에 자리한 법당으로 오르는 발길이 오늘만은 버겁지 않다.

곰파는 미로같이 복잡한 구조다. 어디가 어디인지 가이드의 안내가 없고서는 길을 잃어버리기 십상이다. 오랜 세월 필요에 따라 요사를 짓고 법당을

디스킷곰파의 작은 법당인 곤캉의 수호존들. 얼굴과 몸이 가려져 있다.

만들면서 사원이 점점 더 커졌기 때문이다. 마치 선물용 상자 속 포장돼 있는 초콜릿을 하나씩 꺼낼 때마다 색다른 모양과 맛의 초콜릿이 튀어나와 우리를 놀라게 한다는 어느 영화의 대사처럼 법당의 문 하나하나를 열고 들어설 때마다 화려하고 이국적인, 고색창연하면서도 아름다운 내부와 불보살상, 벽화와 탕카들이 우리를 맞아준다.

디스킷곰파의 중심법당인 듀캉에는 수많은 탕카들이 줄지어 걸려있다. 탕카는 디스킷곰파의 오랜 역사를 대변해주는 증인들이다. 벽면을 따라 쭉 둘러가며 모셔져 있는 불보살상들이 방문객을 향해 일시에 시선을 돌리는 듯해 저절로 자세가 낮아진다.

듀캉 옆에는 작은 법당 곤캉Gonkhang이 있다. 이곳에는 수호존이라 불리는 존상들이 봉안돼 있는데 얼굴과 몸을 모두 긴 비단 천으로 가려 놓았다. 얼굴은 가려져 있지만 손에 칼과 각종 무기를 든 수호존들의 자세는 역동적이면서도 호전적으로 보인다. 한 수호존은 말라비틀어진 사람의 팔을 잘라 들고 있는 무시무시한 모습인데 오랜 옛적 이 지역에 침입했던 몽골의 침략자들을 응징한 모습이란다.

이렇게 존상들의 얼굴을 가려 놓은 것은 그 모습이 너무 무서워 참배객들에게 두려움을 주기 때문이라는 이유와 얼굴에서 영험한 기운이 나오는데 그 기운이 빠져나가지 못하도록 하기 위함이라는 두 가지 설명이 있다. 아마 둘 다 맞는 말이 아닐까 싶다. 가리개는 매년 티베트력 12월에 열리는 도스모츠Dosmoche 축제 때에만 벗긴다. 지난 한 해 동안 쌓인 악한 기운을 몰아내기 위해 열리는 도스모츠 축제 때 신장들의 얼굴 가리개를 벗겨 악한 기운을 몰아내는 것이다. 또 참석자들은 신장의 무서운 얼굴을 보며 지난 한해 행한 나쁜 행동을 참회한다. 하지만 춤이 곁들여진다고 하니 분명 즐거울 것이다. 나쁜 것을 몰아내고 정갈한 마음으로 새것을 맞이하는 것이 축제의 목적이니 말이다.

법당을 참배하고 나오는데 법당 옆 유리문 위에 'Free Panchen Lama(판첸

디스킷곰파 곳곳엔 판첸라마의 석방을 염원하는 스티커가 붙어 있다.

라마에게 자유를)'라는 스티커가 붙어 있다. 스티커에는 붉은 새장 안에 갇혀 있는 하얀 새 한 마리가 그려져 있다. 감금된 어린 새는 지금껏 중국 정부에 의해 은폐된 채 생사여부와 행방조차 확인되지 않고 있는 판첸 라마, 달라이 라마가 인가해 티베트인들이 '진짜 판첸 라마'라 믿고 있는 '겐둔 최에키 니마'를 상징한다. 스티커가 붙어 있는 유리문 뒤편은 기름등 공양을 올리는 공간이다. 누가 공양 올렸는지 크고 작은 기름등이 불을 밝히고 있다. 이곳 라다크에서도 판첸라마의 석방과 무사귀환을 바라는 소망의 등불이 타고 있는 것인가. 저 등불 가운데 어느 하나엔 그 마음이 깃들어 있는 듯해 가슴 저미

게 반갑다.

올드 듀캉 벽에는 판첸 라마의 모습이 그려져 있다는데 미처 참배하지 못하고 나왔다. 아쉽지만 다시 곰파 위로 올라가기에는 너무 숨이 차고 힘들다. 아까 일행을 초대한 스님에게 가서 차를 한 잔 부탁드려야겠다.

푸른 하늘을 기억했다가 꽃다운 계곡서 다시 만나길

아무리 고산에 적응이 됐다고는 하지만 디스킷곰파 내부를 계속 오르내리니 당할 재간이 없다. 숨소리가 마치 악을 쓰는 듯 들린다. 그런 모습이 안쓰러운지 지나가는 스님들이 걱정 가득한 눈빛을 보낸다. "천천히 숨을 쉬라"고 조언해주는 스님도 있고, 힘들게 길어온 물을 "마셔보라"며 권하는 스님도 있다.

하지만 애를 쓴 보람이 있다. 곰파의 지붕에 올라 내려다보는 누브라계곡의 전망이란 그 무엇과도 비교할 수 없는 아름다움, 그 자체다. 시야를 가리는 것이라고는 아무것도 없다. 고작해야 타르초와 룽다만이 간간히 시야 속으로 뛰어들 뿐이다. 그것은 전망을 가리는 장애물이 아니라 자연과 하나된 라다크의 또 다른 풍경이다.

특히 곰파에서 내려다보면 맞은편 야트막한 언덕 위에 조성돼 있는 거대한 미륵불 좌상이 눈길을 잡아끈다. 숔강을 따라 펼쳐진 넓은 평야와 강줄기

디스킷곰파에서 내려다보는 누브라계곡의 풍경. 새로 조성된 거대한 미륵불 좌상의 선명한 원색이 무채색의 계곡에서 꽃처럼 빛나고 있다.

를 내려다보고 있는 이 미륵부처님은 한눈에 보아도 최근에 조성했음을 알 수 있다. 푸른 하늘과 강줄기를 제외하고는 거의 무채색에 가깝게 보이는 주위 풍경과는 달리 붉은 좌대와 푸른 법의가 뿜어내는 선명한 원색이 너무 강렬해 눈이 부실 지경이다. 한동안 말을 잊게 만드는 아침 풍경이다.

이 광활한 아름다움에 취해 넋을 놓고 있는 사람은 우리만이 아니다. 디스킷곰파의 스님들도 곳곳에서 누브라계곡의 아침을 감상하며 망중한에 빠져 있다. 스님들은 매일 아침 이 풍경을 볼 텐데, 그래도 감동은 언제나 새로운

디스킷곰파는 디스킷마을이 내려다보이는 언덕의 험준한 산자락에 자리 잡고 있다. 저 험한 산길을 오르내리며 곰파를 조성한 사람들의 신심에 경의를 표한다.

가보다. 곰파 옥상, 끄트머리에 서서 계곡을 내려다보고 있던 한 스님이 우리 일행을 보더니 손짓을 한다. '이쪽에서 보면 더 멋있다'는 뜻인데, 그쪽 난간으로 가는 길이 보이질 않는다. '여기서 보아도 멋있다'는 표시로 엄지손가락을 치켜 올리자 미소로 화답한다.

곰파는 여러 개의 방들이 서로 어깨를 맞대고 있어 하나의 모퉁이를 돌아설 때마다 다른 방의 입구가 나온다. 모퉁이를 몇 개나 돌았는지 헤아릴 수도 없지만 그 가운데 멋들어지게 장식된 문 하나를 열고 들어가니 제법 큰 법당이다. 내부 수리 중인 듯 안에서는 세 명의 스님들이 벽면에 예쁘게 단청작업을 하고 있다. 우리가 들어오는 줄도 모르고 작업에 몰두하고 있다. 스님들에게 방해되지 않도록 최대한 조심조심 다가가 본다. 그래도 인기척을 느낀 스님들이 고개를 돌려 일행을 보더니 반갑게 인사를 건넨다. 스님들의 환한 표정에 용기를 얻어 가까이서 본격적으로 구경을 시작한다. 스님들은 불단 아랫부분에 용과 꽃, 각종 길상 문양들을 그려 넣고 있다. 얼핏 보기에 그 문양들은 우리의 전통 단청과도 크게 다르지 않아 보인다. 다만 밑그림도 없이 바로 색을 칠하는 솜씨가 그저 신기할 따름이다. 단청을 배웠냐고 물었더니 절의 노스님들로부터 그리는 법을 배우긴 했지만 전문가는 아니라며 별로 어렵지 않다고 한다. 불단 장엄은 2~3일이면 다 끝낼 수 있고 그 후에는 법당 내부 단청작업을 할 계획이란다. 며칠씩 쭈그리고 앉아 색을 칠하는 작업이

법당에 단청을 하고 있는 스님들.

보통 힘들지 않을 텐데 스님들 표정엔 힘든 기색이 없다. 자꾸 이것저것 물어 보며 작업을 방해하는 불청객에게 스님들은 오히려 미소를 보태어 대답해 준다. 단청의 고운 빛보다 스님들의 환한 얼굴이 법당을 더 아름답게 장엄하고 있다.

　법당 밖으로 나오니 우리 일행 외에도 참배객들이 한두 명씩 곰파 안에 들어서기 시작한다. 곰파 입구에서 출입문을 열어주던 스님과 다시 마주쳤다. 이 스님의 소임은 방문객들에게 곰파 입장권을 판매하는 일이다. 라다크의 오래된 곰파들은 대부분 입장료를 받는다. 우리로 치자면 문화재관람료인 셈인데 입장료는 보통 20루피(한화 약500원)부터 100루피까지 다양하다. 곰파에 들어설 때 20루피를 지불하고 받아든 입장권에는 '지급하신 입장료는 곰파의 보수와 유지에 사용됩니다'라는 문구도 적혀 있다. 언제부터 라다크의 곰파들이 입장료를 받기 시작했는지는 모르겠지만 그만큼 라다크를 찾는 외지인들, 관광객들의 수가 많아졌다는 뜻이다.

　하지만 입장료를 받는 스님은 방문객들과의 대화가 더 즐거운 표정이다. 일행에게 "듀캉에 가 보았냐"며 사원 구석구석, 방문객들이 꼭 들러야 할 곳들을 설명해준다. 그 모습을 담고 싶어 카메라를 드니 제법 그럴듯하게 포즈도 잡는다. 오늘은 방문객이 그리 많지 않다. 덕분에 한가한 스님과 이렇게 잠시 동안 수다를 떨며 숨을 고른다. 스님은 "날씨가 아주 좋은 날 곰파를 참배했으니 여행기간 내내 좋은 일이 많이 생길 것"이라며 덕담을 해준다. "벌써 좋은 일이 많이 생겼다"고 대답하자 스님이 고개를 끄덕인다.

　곰파 입구를 돌아 계단을 몇 개 올라가니 수돗가가 있다. 곰파의 스님들은 이곳에서 각자 쓸 물을 길어간다. 한 스님이 통에 물이 차기를 기다리고 있다. 하루에 두 번 정도 물을 떠간다는 스님에게 "매번 물을 길어다 쓰기가 번거롭겠다"고 물으니 손을 내저으며 "예전엔 아래 계곡에서 물을 길어왔는데

디스킷곰파의 입장권 판매를 담당하는 스님.

지금은 수도가 있어서 훨씬 편해졌다”며 만족스런 표정이다. 이렇게 길어온
물은 주로 차를 끓이는데 사용한다. “물맛이 좋아 차 맛도 일품”이라며 “차
한 잔 마시겠냐”고 묻는다. 스님의 마음은 고맙지만 이미 차를 마시러 가겠
다고 약속한 스님이 떠올라 정중히 사양한다. 스님은 못내 아쉬운 표정이다.
초면의 외국인에게 베푼 스님의 친절을 받지 못해 미안한 생각이 든다. “물
통을 들어드리겠다”고 하니 스님이 박장대소다. “그렇게 숨을 헐떡거리면서
무거운 물통을 들 수 있겠냐”며 “약속한 스님이 기다릴 텐데 어서 그곳으로
가보라”며 먼저 자리를 뜬다.

곰파에선 무슨 일이든 스님들이 직접 한다. 햇볕이 잘 드는 창가에 빨래를 너는 일도, 곰파 구석구석에 쌓인 먼지를 쓸어내는 일도 다 스님들 몫이다. 재가종무원은 보이질 않는다. 곰파는 오롯이 스님들의 수행처이며 기도처이자 생활공간이다. 그 속에서 스님들은 각자 맡은 소임에 충실하며 조용하지만 부지런히 하루하루를 엮어가고 있다. 600여 년 세월동안 곰파는 이렇게 부지런한 스님들의 살뜰한 보살핌을 받으며 이어져왔다. 세월의 흔적이 켜켜이 쌓여있는 마니차, 미처 손보지 못해 빛이 바랜 벽화, 틈이 맞지 않아 조금 벌어져 있는 창문들도 모두 정겨워 보인다. 저들도 스님들이 살펴주기를 묵묵히 기다리고 있는 것 같아서 말이다.

사람의 발길이 드물고 혹독한 기후가 반복되는 라다크에서 곰파를 지키는 스님들의 손길이 없다면 곰파는 순식간에 갈라지고 허물어질 것이다. 곰파를 오가는 스님들의 부지런한 발자국 위로 600년 변함없는 신심과 정성이 차곡차곡 쌓이고 있다.

"티베트가 외롭지 않도록 한국불자들 관심 가져주길"

_일흔 살 롭상 노르부 스님의 당부

"어서 들어와요. 차 한 잔 마시기엔 부족한 것이 없어요."

일행을 방으로 초대한 롭상 노르부 스님은 문을 활짝 열어놓고
기다리고 있다. 방사가 많은 디스킷곰파에서 노르부 스님의 방을
찾기란 쉬운 일이 아니다. 한참동안 이곳저곳 기웃거리고 있는데
스님이 먼저 일행을 발견했다.

"이곳엔 스님들이 많아서 방사도 아주 많아요. 나는 열다섯 살에
디스킷곰파에서 출가해 줄곧 이곳에서 수행하고 있지만 지금도
가끔씩 길을 잃는걸요."

길을 못 찾고 헤매느라 진땀을 흘린 일행을 위로하는 스님의 농담에
모두들 한바탕 웃음을 터뜨린다.

올해로 세납 일흔 살인 노르부 스님은 일행을 방에 앉힌 후 방사
입구에 있는 작은 주방에서 손수 차를 끓인다. 시자도 없어 보인다.

서너 평 남짓한 스님의 방에 가구라고는 경전을 넣어둔 작은 책장과
앉은뱅이 테이블 두세 개, 그리고 침상과 의자 하나가 전부다.

벽에는 불보살상을 그린 탕카가 빙 둘러가며 걸려있고 햇볕이 잘 드는

디스킷곰파의 한주인 롭상 노르부 스님.

창가의 책장 위, 가장 높은 곳엔 달라이 라마의 사진이 정성스럽게
모셔져 있다.

잠시 후 스님은 차와 비스킷, 그리고 갓 구운 라다크식 보리빵을
내온다. 자리에 앉아 노스님으로부터 차 대접을 받기가 송구스러워
엉덩이가 들썩거린다. 하지만 스님은 그냥 앉아있으라고 손짓을 하며
자꾸 먹을 것을 꺼내온다. 버터와 우유를 약간 넣어 뜨겁게 끓인 차에
달콤한 비스킷을 곁들이니 맛이 일품이다.

롭상 노르부 스님의 거처.

스님은 맛있게 차를 먹는 일행을 흐뭇하게 바라보며 일행의 이름과
그 뜻을 물어본다. 스님의 이름인 롭상은 '좋은 태도'를 뜻한다고
한다. 티베트 4대 종파 가운데 대표적 종파인 겔룩파의 개조 총카파의
본래 이름 역시 롭상이다. 스님은 자신의 이름이 총카파의 본래 이름과
같다며 그 뜻을 상세하게 설명해 준다.
노르부 스님은 디스킷곰파의 한주다. "나이가 많아 이제는 별다른
소임이 없다"니 우리로 치면 한주인 셈이다. 스님의 일과는 기도의

연속이다. 새벽 4시에 일어나 예불에 동참하는데 보통 3~4시간씩 계속된다. 예불을 마치고 난 후에는 각자 맡은 소임을 한다. 스님은 처소로 돌아와 오전 중에 청소나 빨래 등 간단한 일을 손수 처리한다. 오후엔 독경과 기도로 대부분의 시간을 보내고 밤 10시 즈음엔 잠자리에 든다. 1년에 두세 번, 달라이 라마가 여는 대중 법회에 동참한다. 라다크 지역에서 법회가 열릴 때면 어지간히 먼 거리라도 꼭 찾아가 가르침을 듣는다. 매년 삼월엔 직접 다람살라로 가서 달라이 라마 법회에 참석한다.

"한국은 불교국가죠? 한국 스님들은 어떻게 수행하나요?" 노르부 스님의 질문에 순간 대답이 나오질 않는다. 한국을 불교국가로 알고 있는 스님에게 어떻게 설명하면 좋을까. 잠시 고민하다 "한때 불교가 국교인 적도 있었지만 지금은 여러 종교가 섞여 있고 기독교 등 다른 종교의 교세도 커지고 있다"고 설명하자 스님은 고개를 끄덕이면서도 아쉬운 듯 연신 손바닥으로 무릎을 친다. 하지만 "스님들은 참선, 독경, 염불 등 다양한 수행을 하고 있고 신도들도 수행을 열심히 한다"고 하니 금세 얼굴이 환해진다. "한국에 돌아가서 라다크와 이곳의 불교를 잘 소개해주세요. 라다크와 한국은 비록 멀리 떨어져 있고 자연 환경이나 사람들의 얼굴, 말도 많이 다르지만 부처님의 가르침은 하나고 우리 모두 부처님 제자라는 점을 꼭 알려주세요. 라다크는 티베트불교의 전통을 잘 간직하고 있어요. 하지만 중국에 점령당하고 있는 티베트의 불교가

쇠약해진다면 라다크불교는 무척 외로워질 것입니다. 전 세계의
불자들이 모두 형제가 되어 서로 돕길 바랍니다."
스님의 당부에 가슴이 찡하다. 이곳 누브라계곡은 중앙아시아의 길목,
티베트의 초입이기도 하다. 평생을 이곳에서 수행한 스님은 매년
달라이 라마의 가르침을 받기 위해 먼 길을 마다않지만 정작
라다크불교의 뿌리인 티베트는 단 한 번도 순례하지 못했다.
갈 수 없는 고향을 그리워하듯 스님의 당부엔 티베트불교의 앞날을
걱정하는 노승의 안타까움이 서려있다.
"스님의 당부를 잘 기억하겠다"고 약속하자 스님은 환하게
미소 짓는다. "언제쯤 다시 올 수 있을지 모르겠지만 그때 꼭 다시
만나고 싶다"고 하자 스님은 너털웃음을 지으며 "난 이미 나이가
많지만 여러분이 이곳을 사랑하는 만큼 언제든 이곳을 다시
방문하게 될 기회가 있을 것"이라고 위로해준다.
언제 다시 이곳에 와 노르부 스님이 주신 따뜻한 차를 마실 수 있을까.
기약할 수 없어 아쉬움이 발길을 붙든다.

독경 소리로 귀를 씻고 하루를 연다

어스름하게 여명이 밝는가 싶더니 순식간에 사방이 환해진다. 고작 5시 30분인데 하늘은 이미 대낮 같다. 해발 3,500미터의 희박한 공기는 이른 아침의 여린 햇살도 품지 못한 채 아낌없이 허공으로 흩뿌린다. 날카로운 햇살이 청명한 하늘에 거침없다. 며칠 만에 만나는 선명한 아침이다. 레에서 남쪽으로 19킬로미터 떨어진 곳에 있는 아름다운 겔룩파의 곰파 틱세Thikse, 그곳에서 열리는 아침예불에 동참하기 위해 새벽부터 길을 서두른다. 날씨도 맑고 기분도 설렌다.

어제는 잔뜩 찌푸려있는 카르둥 라, 해발 5,602미터를 다시 넘어 레로 돌아왔다. 한 번 넘어본 경험 덕분인지 처음 카르둥 라를 넘을 때만큼 고산증으로 고생하진 않았다. 하지만 처음과 마찬가지로 이번에도 카르둥 라는 짙은 구름으로 겹겹이 머리를 둘러싼 채 해발 5,602미터의 하늘을 보여주지 않았

다. 떼를 써서 될 일이라면 맑은 하늘을 보여 달라며 떼라도 썼을 것이다. 하
지만 그곳은 하늘의 땅. 인간의 욕심이 통할 리 없다. 대신 우리의 가이드는
카르둥 라 정상에 타르초를 내걸었다. 타르초를 걸며 그는 큰 소리로 세 번
외쳤다. "모든 생명에게 평화가 깃들길." 그의 발원이 타르초에 실려 카르둥
라의 바람을 타고 세상으로 퍼져나갔다.

　눈이 부실 만큼 선명한 하늘을 보자 어제의 아쉬움이 다시 떠오른다. 이 하
늘 한 허리를 베어들고 다시 카르둥 라를 올라 그 위에 얹고 싶다는 생각이
들 만큼 아름다운 아침이다.

　틱세곰파는 라다크에서도 가장 아름다운 곰파 가운데 하나로 손꼽힌다.
특히 푸른 하늘에 기대어 있는 틱세곰파의 모습은 매우 인상적이어서 라다
크를 소개하는 각종 안내책자나 사진작가들의 단골 모델이 되곤 한다. 서울
에서 라다크 여행을 처음 제안 받았을 때, 미처 주저할 사이도 없이 단박에
마음을 빼앗겨버린 사진 가운데 하나도 바로 틱세곰파였다. 그 곰파를 직접
만날 수 있다는 기대에 간밤엔 잠까지 설쳤을 정도다. 곰파에서의 아침예불
동참도 며칠을 벼르고 별러 마침내 잡은 일정이다. 특히 틱세곰파의 아침예
불은 장엄하기로 유명한데 빠듯한 일정 탓에 애를 태우고 있는 참이었다. 이
래저래 아침부터 마음이 바쁘다.

◎── 그림엽서같이 예쁜 '작은 포탈라'

틱세곰파로 가는 길은 레에서 남쪽으로 이어진다. 레를 외부와 이어주는

틱세곰파는 라다크에서도 가장 아름다운 곰파 가운데 하나로 손꼽힌다. 붉은색과 황금색, 그리고 흰색의 건물들
이 어우러져 있는 틱세곰파는 티베트 라싸의 포탈라궁과도 흡사해 작은 포탈라'로 불리기도 한다.

틱세곰파에서의 아침. 마을을 내려다보고 있는 스님은 무슨 생각을 하고 있을까.

두 갈래 길 가운데 하나다. 이 길을 따라 남쪽으로 계속가면 마날리를 거쳐 델리까지 갈 수 있다. 라다크의 도로 치고는 비교적 포장도 잘 돼 있다. 차는 제법 속도를 내서 달리고, 마음은 벌써 틱세곰파를 오르고 있는데 곰파는 보일 기미가 없다. 대부분의 곰파는 산꼭대기나 산허리에 걸려있어 쉽게 눈에 띈다. 그런데 아무리 둘러봐도 주변에 곰파가 있을 만한 산이 보이지 않는다. 목을 길게 내빼고 곰파를 찾느라 연신 두리번거린다.

그러기를 한참, 작은 마을로 들어서는가 싶더니 불쑥 솟아오른 언덕 위로 곰파가 모습을 드러낸다. 언덕 위에 지어진 곰파인지, 아니면 곰파 주변으로 다닥다닥 모여든 작은 집들이 언덕을 이룬 것인지 얼핏 보아선 구분이 되지 않는다. 그 작은 봉우리 전체가 그대로 틱세곰파다. 붉은 색과 황금색 건물의 곰파 아래를 온통 하얀색의 집들이 호위하듯 둘러싸고 있다. 그 뒤로는 티끌 하나 없이 푸른 하늘이 펼쳐져 있어 마치 한 장의 사진을 보는 듯 신비롭기까지 하다. 곰파 주변으로는 수많은 초르텐이 도열해 있다. 사원을 호위하는 법의 무사들이다.

틱세곰파는 티베트 라싸의 포탈라Potala궁과 비슷해 '작은 포탈라'로 불리기도 한다. 포탈라궁을 직접 본 적은 없지만 곰파 윗부분의 붉은 건물과 그 아래의 하얀색 건물들이 사진으로 보았던 포탈라궁을 연상시키기에 충분하다.

틱세곰파가 처음 만들어진 것은 15세기다. 한때 군사 요새로 사용되기도 했다. 수백 년에 걸쳐 법당과 요사들이 증축되면서 지금의 규모를 갖추게 됐다.

곰파가 시야에 들어오자 마음이 더욱 급해져 기사를 재촉한다. 서두른다고 될 일이 아님을 알면서도 괜한 채근이다. 마침내 도착한 틱세곰파 입구에는 길상문이 정성스럽게 그려져 있다. 법라法螺, 일산日傘, 산개傘蓋, 금어金魚, 보병寶瓶, 연화蓮花, 매듭, 법륜法輪 문양으로 티베트불교에서 행운을 불러온다는 여덟 개의 상징이다. 곰파로 이어지는 길을 따라 정성스럽게 그려져 있는 길상문 위에서 아직 잠이 덜 깬 검둥개 한마리가 벌러덩 누워 늦잠에 빠져있다. 한가한 아침 표정이 재미있어 연신 카메라셔터를 누르는데 곰파 위에서 '두웅~'하며 나지막한 소라고둥 소리가 들린다. 아침예불 시작을 알리는 신호다.

마을이 훤히 내려다보이는 곰파 꼭대기에서 두 스님이 겔룩파의 상징인 노란색 모자를 쓰고 '둥Dung'이라 불리는 소라고둥나팔을 불고 있다. 아침 예불을 알리는 고둥 소리는 마을 구석구석까지 울려 퍼진다. 이 신호를 시작으로 법당에서는 스님들의 예불이 시작된다.

어둑한 법당 안에는 20여 명의 스님들이 각자 자리를 잡고 앉아 독경으로 아침예불을 올리고 있다. 티베트어 경전을 읽는 것이어서 라다크어에 능숙한 가이드도 어떤 경전인지, 무슨 뜻인지 모르겠다며 고개를 갸우뚱거린다. 독경하는 중간마다 북이나 종을 치기도 하고 나팔이나 바라같이 생긴 전통 악기를 연주하기도 한다. 특이한 것은 열 살 남짓해 보이는 동자스님들이 예불 중인 스님들에게 차와 간단한 요깃거리를 공양하는 점이다. 동자스님들은 자신의 키 절반만한 커다란 주전자에 버터와 우유를 넣어 끓인 차를 가득 담아 들고 스님들 사이를 오가며 차를 따른다. 스님들은 그 차와 보리빵 몇 조각으로 아침 공양을 대신하며 한 시간이 넘도록 독경을 계속한다.

아침예불이 한창인 틱세곰파 법당.

커다란 주전자를 들고 스님들 사이를 오가던 동자스님들도 차공양이 끝나고 나면 말석에 앉아 독경에 동참한다. 하지만 가끔씩은 딴짓을 한다. 옆에 앉은 또래 도반의 가사자락을 괜히 잡아당기기도 하고 애꿎은 머리를 자꾸 긁어대기도 한다. 손가락을 꼼지락거리며 장난치는 모습은 영락없는 어린아이다. 그래도 노스님들은 묵묵히 바라만 본다. 그러면 동자 스님들은 금방 장난을 멈추고 다시 예불에 집중한다. 예불이 끝날 때까지 자리를 지키고 앉아서 조금 전의 장난을 참회하려는 듯 이따금씩 아주 큰 목소리로 경전을 읽곤

법당 밖에서 예불을 올리는 라다키 여인.

한다. 그럴 때면 제법 의젓해 보인다.

틱세곰파에는 120여 명의 스님들이 수행하고 있다. 큰법당인 듀캉 외에도 곰파 안의 여러 법당에서 스님들이 비슷한 모습으로 아침예불을 한다. 곳곳의 법당에서 울리는 낮고 굵은 독경 소리가 이른 아침 곰파에 가득하다.

스님들이 아침예불을 하는 동안 곰파에는 참배객들이 속속 찾아온다. 아침예불을 보기 위해 일찌감치 도착한 외국인들은 대부분 법당 안에 자리를 잡는다. 하지만 라다키들은 법당 밖에서 오체투지로 부처님을 예경한다. 간혹 어떤 이들은 안면이 있는 스님과 몇 마디 이야기를 나누기도 한다. 하지만 대부분 법당 주변에 편한 자세로 앉아 독경을 듣는 것으로 예불을 대신한다. 한 시간을 훌쩍 넘기는 예불이 끝난 후 스님들이 법당에서 나와 각자의 방으로 발길을 옮기자 법당 밖에 있던 사람들도 집으로 돌아가기 위해 자리를 털고 일어난다. 라다크에 도착한 이후 숨 돌릴 틈 없이 빼곡한 일정을 이유로 매일 아침을 전쟁처럼 시작했는데 아침예불을 마치고 나니 오랜 만에 실컷 자고 일어난 듯 개운하다. 스님들의 독경 소리로 하루를 시작한 라다키들의 하루하루에는 법향 그윽한 평화가 깃들지 않을까. 오늘은 즐거운 일만 계속 될 것 같은 예감이다.

"부처님 뵙고 새로운 힘 얻어가요"

_첫돌 맞은 아들과 고향 찾은 세린 가족

아침예불이 끝나기를 기다렸다가 함께 법당을 참배하는 가족이 있다.
두 아이와 함께 법당에 들어선 부부는 부처님을 향해 한동안
오체투지로 절을 올린다. 절을 마친 아이 엄마는 이제 갓 돌이
됐음직한 어린 아기를 안아 올려 부처님을 볼 수 있도록 해준다.
그러고는 무엇인가 간절한 기원을 한참동안 읊조린다. 엄마의
발원이 이어지는 동안 아이 아빠는 제법 걸음마가 익숙한 큰 아이에게
절하는 법을 가르친다. 아빠가 가르쳐주는 대로 정성껏 절을 하는
아이의 작은 손이 연꽃봉오리처럼 예쁘다.
"작은 아이가 첫 생일을 맞이했어요. 아이들이 건강하게 자랄 수
있도록 보살펴주신 부처님께 인사를 드리고 앞으로도 가족 모두가
지금처럼 건강하기를 기도했어요."
아이 엄마 세린과 그의 남편 체링의 고향은 이곳 라다크다. 하지만
지금은 인도 남부 카르나타카주에 있는 도시 마이소르Mysore에
살고 있다. 결혼 후 생업을 위해 라다크를 떠난 세린은 첫 딸과 둘째
아들이 태어나도록 고향을 찾지 못했다. 그러다 지난해 태어난 아들의

둘째 아들의 첫 생일을 맞아 고향을 찾은 세린 씨 가족.

첫돌을 맞아 고향을, 고향의 부처님을 찾아왔다. 마이소르에서 이곳
레까지는 며칠 동안 기차를 타야하는 먼 길이다.

"아이에게 이곳 틱세곰파의 부처님을 꼭 보여드리고 싶었어요.
비록 고향을 떠나 있기는 하지만 틱세곰파의 부처님은 언제나 제
마음의 의지처니까요. 아이들도 우리 부부처럼 부처님의 가르침을
따르는 신심 깊은 불자가 될 것이라 믿어요."

요즘엔 많은 라다키들이 외지로 나가 산다. 인도에서도 최북단,
오지에 속하는 라다크엔 대학 같은 고등교육시설뿐 아니라 일자리도

턱없이 부족하기 때문이다. 비록 교육이나 생업을 위해 라다크를
떠나지만 이들의 신심만큼은 쉽게 흔들리지 않는다. 결혼을 하거나
첫 아이(특히 아들)가 태어나거나 직장을 구했을 때에도 고향을
찾아와 부처님께 기쁜 소식을 전한다. 그리고 그곳에서 다시 새로운
힘을 얻어간다.
"이곳까지 오는 길이 비록 멀고 힘들었지만 틱세곰파의 부처님을
참배했으니 마음은 힘들지 않습니다. 돌아가서 더욱 열심히
생활할 수 있는 힘을 얻어가는 기분입니다."
오랜만에 고향에 돌아온 아이 엄마는 신이 난 표정이다.
그런 엄마의 마음을 아는지 품에 안겨있던 어린 아들의 얼굴에도
햇살 같은 미소가 번진다.

틱세곰파에 조성돼 있는 초르텐. 햇살을 받아 하얗게 빛나는 초르텐은 틱세곰파의 새로운 자랑거리 가운데 하나다.

틱세곰파의 내부. 15세기 처음 조성된 틱세곰파는 그림엽서의 단골 모델이 될 만큼 예쁜 사원이다.

청정한 감로수 일곱 잔엔 평등한 보시의 공덕 있다

아침예불이 끝나자 곰파 안 스님들의 발걸음이 분주하다. 동자스님들은 예불하는 동안 스님들에게 차 공양을 올리는데 사용했던 주전자를 챙겨들고 종종 걸음을 친다. 물론 걷는 동안 또래 스님들과 장난치는 것도 잊지 않는다. 그보다 좀 더 나이를 먹은 스님들은 양동이나 주전자에 맑은 물을 한가득 담아들고 다시 법당으로 들어간다. 그 중 한 스님을 따라가 본다.

2층으로 올라가는 계단을 지나 법당에 들어서자 환한 미소를 머금은 금빛 부처님의 커다란 상호가 법당 안을 가득 채우고 있다. 화들짝 놀라 얼떨결에 합장부터 한다. 라다크에 와서 이렇게 큰 부처님 상호를 본 것은 처음이다. 삼배를 마치고 자세히 살펴보니 화려한 보관으로 장식된 미륵부처님이다. 그런데 얼마나 크게 조성했는지 부처님의 법신이 2층 건물 전체를 관통하고 있다. 1층에서 보면 부처님 다리만 보일 뿐 가슴 위 상반신은 이곳 2층 법당

틱세곰파의 법당에는 높이 14미터의 미륵부처님이 조성돼 있다. 아침예불을 마친 한 스님이 부처님 전에 청수를 올리고 있다.

에 올라와야 볼 수 있다. 그런데 1층 법당은 출입할 수 없다고 한다. 조금 무례를 범해서라도 부처님 앞 불단 난간에 기대어 목을 쭉 빼고서야 가부좌로 앉아 계신 부처님의 법신을 모두 친견할 수 있다. 높이가 무려 14미터, 홍미로운 점은 미간 사이의 백호가 소라고둥 껍데기라는 점이다. 오른쪽 방향의 소용돌이 문양이 선명하다. 티베트불교에서 행운을 불러온다는 여덟 개의 상징 가운데 첫 번째인 법라를 응용한 게 아닌가 싶다. 각종 보살상으로 장식돼 있는 보관뿐 아니라 어깨까지 늘어지는 커다란 귀걸이에 가슴을 뒤덮고 있는 오색의 영락 목걸이, 그리고 형형색색의 법의까지. 이렇게 화려하게 장엄된 부처님은 처음 본다.

◎── 미륵부처님 미소가 법당에 가득

앞서 법당에 들어선 스님은 미륵부처님 앞 불단에 청수를 공양하기 시작한다. 일곱 개의 물잔 하나하나에 맑은 물을 가득 채워 공양 올리는 동안 불단을 살펴보니 간단한 과일과 버터를 빚어 만든 꽃을 비롯해 과자, 음료수 등 다양한 공양물이 올라있다. 불단에는 세계 각국의 불자들이 공양한 불전도 쌓여 있는데 그 중에는 우리나라 천 원짜리 지폐도 눈에 띈다.

청수 공양을 끝낸 스님은 일곱 잔의 물을 올리는 이유에 대해 친절히 설명해준다.

"일곱 잔의 물은 과거 일곱 분의 부처님께 모두 공양을 올린다는 뜻이고 물을 올리는 이유는 아무리 가난한 사람이라도 부처님께 공양을 올릴 수 있도록 하기 위함입니다. 가난한 사람들의 소박한 공양물이나 부자의 값비싼 공양물이나 그 공덕에는 차이가 없기 때문입니다."

가난한 이가 공양올린 등불이 바람에도 꺼지지 않고 불을 밝혔다는 '빈자일등'의 가르침이 라다크의 소박한 물잔에 담겨 있음이다. 부처님께 다시 한번 삼배를 올리고 법당을 나선다.

법당 참배를 마쳤으니 틱세곰파 입구에 있던 진료소에 가볼 참이다. 그런

틱세곰파 입구에 자리 잡고 있는 티베트 전통의술원.

데 길을 잘못 들었나보다. 곰파 입구 쪽으로 간다는 것이 그만 공양간으로 들어섰다. 공양간에는 식탁이 줄맞춰 놓여있고 찬장에는 무척 오래전에 만들어진 것으로 보이는 각종 그릇들이 정갈하게 정리돼 있다. 공양간 한쪽에 모여 차를 마시던 스님들이 단박에 눈치를 채고는 나가는 길을 안내해 준다.

틱세곰파에 도착했을 때는 시간이 너무 일러서인지 진료소의 문이 닫혀 있었다. 사실 진료소라 하기에는 좀 작다. 얼핏 보아서는 약국 정도로 보이는데 '티베트 전통의술원'이라는 간판이 붙어 있다.

다행히 문이 열려 있다. 밖에서 쭈뼛쭈뼛 안을 살피는데 스님 한 분이 들어오라고 손짓을 한다. 흰 가운을 입은 의사나 간호사를 예상했는데 스님이라니. 호기심이 발동을 해 얼른 들어가 본다. 알고보니 이곳의 의사선생님 잠바 소남 스님이다. 벽면 한쪽을 다 차지하고 있는 약장에는 크고 작은 각종 환약을 담아놓은 병들이 가지런히 정리돼 있다. 잠바 소남 스님은 티베트 전통 의학을 다루는 라다크의 전통 의원 '암치Amchi'다. 암치에 관해서는 헬레나 노르베리 호지 여사의 명저『오래된 미래』에서도 언급돼 있다.

"대부분의 마을에는 적어도 한 사람의 의원이 있고 어떤 마을에는 더 많이 있다. 의원은 사회에서 가장 존경받는 사람들인데, 그들은 기술을 아버지와 할아버지에게서 배운다. 그들은 의료에만 전념하는 것은 아니다. 다른 모든 사람들과 마찬가지로 의원도 자기의 땅을 경작하기 때문이다.…서양의 의료보다 의원의 경험이 더욱 중시된다. 환자들은 거의 마을 사람들이고 그래서 그는 그들의 습관과 성격에 대해 친숙한 지식을 가지고 있는 것이다."

호지 여사는 무릎 염증이 생긴 아이가 암치에게서 치료받는 과정을 책에 기록했는데 치료를 받은 지 '며칠 되지 않아서 무릎은 나았다'였다.

◎── '의사 스님'이 직접 진찰 · 처방

그렇지 않아도 며칠째 고산증과 부족한 수면으로 인해 입맛을 잃고 있던 터라 이번 기회에 암치에게 진료를 받아 본다. 통역을 맡아줄 가이드를 사이에 두고 소남 스님이 우선 진맥을 시작한다. 소남 스님은 한동안 매우 신중한 표정으로 양쪽 손목에서 맥을 짚어 본다. 우리나라 한의원과 똑같다. 진맥을 마친 스님은 요 며칠 동안 어떻게 지냈는지 묻는다. 무엇을 먹고 잠은 어느 정도 잤으며 어떤 일을 하고 다녔는지 등을 묻는다. 평소 성격은 어떤지도 묻는다. 통역을 통해 정성껏 대답을 하고 나니 스님의 처방이 내려진다.

"며칠 동안 심장이 무리하게 움직여서 기운이 떨어져 있어요. 무엇보다도 추위에 약한 체질인데 몸에 냉기가 좀 들었네요."

스님은 까맣게 생긴 알약 2주분을 처방해 준다. 박하향같이 향긋한 냄새가 나는 알약을 신문지에 싸서 준다. 3일간은 아침저녁마다 1알씩, 4일째부터는 아침에 1알을 꼭꼭 씹어서 물과 함께 먹으면 된다. 우선 당장 한 알 먹어본다. 각종 약초를 갈아 스님이 직접 만든 생약이라 그런지 맛은 좀 쓰다. 하지만 향은 아주 좋다. 진료비는 무료, 약값은 80루피로 우리 돈으로 2천 원이 채 안 된다.

"걸음을 천천히 걷고 따뜻한 물을 많이 마셔요. 잘 때는 몸을 따뜻하게 하고 식사는 천천히 해야 합니다. 평소에도 숨을 깊이 쉬는 연습을 하면 많은 도움이 될 겁니다."

스님은 오랜 친구와 이야기를 나누듯 도움이 될 만한 생활 습관 몇 가지를 더 알려준다. 약 덕분인지, 아니면 스님과의 이야기 덕분인지는 잘 모르겠지만 라다크에 도착한 이후 줄곧 바쁘게 뛰던 심장 박동이 조금 편안해지고 잠을 설친 간밤의 피로도 조금씩 풀리는 듯하다. 몸과 마음 모두를 새롭게 충전시켜주는, 틱세곰파에는 그런 신비로운 기운이 감돌고 있는 걸까.

"자원봉사 하던 마을의사에서 스님으로"

_전통의사 '암치' 잠바 소남 스님

티베트 전통의술원의 의사인 잠바 소남 스님은 올해 세납65세다.
스님은 라다크의 전통 의사인 암치다. 암치는 라다크에 현대
서양의학이 전해지기 전까지 라다키들의 건강을 보살펴온 전문
의료인들이었다.

라다크에서 암치는 가업이다. 잠바 소남 스님의 아버지도,
할아버지도, 증조할아버지도 그 위의 할아버지도 모두 암치였다.
스님도 가업을 이어 30년 전 암치가 됐다. 그때는 시험도 없었고
자격증도 필요하지 않았다. 아버지에게 의학을 익히고 사람의 체질과
몸의 구성, 몸에 흐르는 기와 맥을 익히고 각종 약재 다루는 법을
배웠다. 티베트 의서도 공부해야 했지만 더 많은 부분을 아버지에게서
배웠다. 그러던 어느 날 마을 사람들이 모인 자리에서 문답식
시험을 봤다. 각종 질병의 원인과 치료방법에 대해 한 가지도
틀리지 않게 대답한 후 그는 마을의 암치가 되었다. 물론 자격증이
있는 것은 아니었다. 그때부터 모든 마을 사람들이 그를 암치로

전통의사 암치인 잠바 소남 스님. 2009년 출가한 스님은 틱세곰파의 작은 진료소에서 마을 사람들의 건강을 보살피고 있다.

부르기 시작한 것이다.

하지만 세월이 지나 암치도 자격증이 필요한 시대가 되었고

스님은 2006년 티베트 전통의사 자격증, 즉 암치 자격증을 취득했다.

이후 스님은 곧바로 이곳 틱세곰파에 진료소를 열었다. 마을 암치로

활동할 때는 필요 없었던 암치 자격증을 뒤늦게 취득한 것도 곰파서

자원봉사를 하기 위해서였다. 그때부터 지금까지 소남 스님의

진료소는 사찰을 찾는 사람들뿐 아니라 인근 마을 주민들에게도
중요한 의료시설이 되었다. 그러던 지난 2009년 정식으로 출가해
스님이 되었다.

"가벼운 감기 증상 때문에 이곳을 찾는 환자들이 가장 많습니다.
이곳에서 만든 약을 주로 처방하는데 대부분 쉽게 낫습니다.
특히 기침으로 고생하던 아이들이 건강해질 때가 가장 행복합니다."
출가 전 소남 스님은 친구와 함께 다람살라로 가 달라이 라마의 법문을
듣곤 했다. 그러다 친구가 먼저 출가했고 곧이어 스님도 출가하게
된 것이다. 출가 후에는 가족들과 떨어져 이곳 틱세곰파에서
생활하고 있지만 "출가 전보다 지금이 훨씬 더 행복하다"고 단언한다.
"달라이 라마께서는 자신의 재능을 이웃을 위해 사용하라고
말씀하셨습니다. 저를 암치로 만들어준 것은 제 아버지와 마을
분들이었습니다. 이제 더 많은 이웃을 위해 의술을 펼칠 수 있게 된
것이야 말로 부처님의 가피라고 생각합니다."
다음 목적지로 출발하기 위해 준비를 서두르는 일행을 향해
문밖까지 배웅해주던 소남 스님이 작별 인사를 건넨다.
"너무 뛰지 말고 천천히 걸어요. 당신의 심장에게도 자비를 베푸세요."

왕실사원의 화려함 간직한 '라다크의 보물창고'

라다크의 무수히 많은 곰파들 중 가장 유명한 곳을 고르라면 첫 손에 꼽히는 곳이 헤미스Hemis곰파다. '곰파 중의 곰파'라 불리는 헤미스는 라다크 곰파 가운데 최대 규모다. 덕분에 가장 유명하고 그 유명세만큼이나 화려하며 부유한 곰파이기도 하다. 레에서 가까우면서도 이렇게 유명한 헤미스곰파 방문을 지금껏 미뤄둔 것도 사실은 같은 이유 때문이다. 크고, 웅장하고, 화려한 곰파를 일찌감치 보고나면 그 뒤에 만나게 될 곰파들이 시시해 보이지 않을까. 좀 더 솔직히 말하자면 작고 소박한 아름다움, 그리고 그 속에 담긴 담백하고 정겨운 이야기를 세세히 찾아낼 만큼 깊이 있는 안목을 자신할 수 없으니 이런 잔꾀를 쓴 셈이다.

레에서 남동쪽으로 50여 킬로미터 떨어진 헤미스곰파로 향하는 길, 맛있는 음식을 아껴두었다가 나중에 꺼내 먹는 것 같은 설렘과 동행한다. 추수 끝

라다크에서 가장 유명한 곰파인 헤미스곰파. 내부의 광장에서는 매년 6∼7월 사이 쎄추라 불리는 축제가 열린다. 그때가 되면 수많은 관광객들과 라다키들이 몰려들어 곰파 안은 발디딜 틈이 없어진다.

낸 보리밭 사이를 한참 지나 길은 정면에 버티고 있는 산을 향해 돌진이라도 하듯 곧장 골짜기로 이어진다. 원래 곰파란 '고독한 은둔자'라는 뜻이다. 찾는 사람도 많지 않고, 찾아오기도 쉽지 않은 곳일수록 수행의 성취도 높아진다고 믿는 라다키들은 외딴 오지, 접근이 어려운 지형을 찾아 곰파를 세웠다. 하지만 헤미스는 라다크의 다른 곰파들처럼 산 중턱이나 꼭대기가 아닌 산 아래 위치하고 있다. 다만 워낙 깊숙한 계곡 속에 자리 잡고 있어 곰파 입구에 다다를 때까지도 그 모습을 볼 수 없다. 길이 끝나갈 즈음 깎아지른 산 아래, 거대한 성처럼 보이는 헤미스곰파가 모습을 드러낸다. 반듯한 사격형의 육중한 벽면에 장식된 창문이 줄지어 있는 전형적인 라다크식 건축물인 헤미스곰파 외관은 마치 요새같이 보인다.

◎── 관광객 사로잡는 곰파의 여름 축제

헤미스곰파는 17세기 셍게 남걀왕이 부탄에서 초청한 삼부나타Sambhunatha 스님에 의해 세워졌다. 카규파의 지파인 드룩파Drukpa의 중심 사원으로 이 종파를 지지했던 남걀 왕조의 지원 속에 곰파는 크게 번성했다. 그 이름을 따서 이 지역도 헤미스로 부르게 되었다.

하지만 오늘날 헤미스곰파가 유명한 이유는 크게 두 가지다. 그 중 하나는 기독교의 예수와 관련돼 있다. 1950년 이집트 나그하마디에서 발견된 『사해문서』에 따르면 12~29세 사이 인도를 여행했던 예수가 헤미스곰파 인근지역에서 소년시절을 보냈으며, 십자가에서 처형된 후 동굴에서 3일간 치료를 받고 다시 이곳을 찾아 상당기간 머물렀다는 것이다. 물론 당시에는 지금과 같이 큰 규모의 곰파가 있지는 않았을 것이다. 현재의 곰파가 세워지기 훨씬 이전부터 헤미스곰파 인근이 유서 깊은 수행처였다는 뜻이다.

하지만 이보다 헤미스곰파를 더 유명하게 만든 것은 이곳에서 열리는 축제다. 티베트불교의 성자인 파드마삼바바의 탄생일을 기념해 열리는 헤미스곰파의 축제는 라다크지역 여러 곰파의 축제 가운데 그 규모가 가장 크다. 쎄추Tsechu라 불리는 이 축제에서는 사원의 스님들이 가면을 쓰고 '참cham'이라 불리는 춤을 춘다. 정교하게 만들어진 가면과 화려한 의상을 입고 선신善神이 악신惡神을 무찌르는 내용을 춤으로 보여주는데 불교가 이 지역의 여러 토착신앙들을 조복시켰으며 사람들 마음속의 악을 무찔러 선이 승리했음을 상징한다. 특히 쎄추 때에는 평소 볼 수 없던 대형 탕카가 공개된다. 이를 보기 위해 많은 라다키들이 헤미스로 모여든다. '전 세계에서 가장 크다'고 주장하는 이 탕카는 헤미스곰파의 건물 전면을 뒤덮을 만큼 거대하며 탕카 곳곳에 진주와 보석 등이 장식돼 있다고 한다. 쎄추는 라다크 여행의 최적기인 여름 6~7월(티베트력 5월) 사이에 열리기 때문에 겨울에 열리는 여느 곰파들의 축제와는 달리 여행객들이 대거 몰려들곤 한다. 쎄추는 원래 12년에 한 번씩 돌아오는 원숭이해에 열렸지만 축제를 기다리는 관광객들이 늘어 나며서 요즘에는 매년 열리고 있다. 그래도 원숭이해에 열리는 축제가 가장 규모도 크고 성대하다고 한다. 대부분의 관광객들은 쎄추를 보기 위해서 축제 기간에 맞춰 라다크와 헤미스곰파를 방문한다. 하지만 이미 겨울로 접어들고 있으니 일행은 축제와는 거리가 멀다.

헤미스곰파 입구는 역시나 관광객들로 북적인다. 외국인들도 많지만 인도 전역에서 찾아온 관광객들, 그리고 성지순례 중인 듯한 스님들도 적지 않다. 삼삼오오 무리를 지어 곰파로 들어선다. 곰파 내부는 커다란 광장을 가운데 두고 사방이 건물들로 둘러싸여 있다. 광장을 둘러싸고 있는 건물의 1층은 모두 긴 회랑으로 연결돼 있어 웅장함을 더한다. 광장을 내려다볼 수 있는 창문들은 하나같이 정교한 나뭇조각으로 장식돼 있거나 널찍한 테라스를 갖추고 있다. 화려하고 장엄하기가 어느 왕가의 궁성 못지않다. 헤미스곰파의 내부 역시 화려하다. 36개의 커다란 나무기둥이 천장을 떠받치고 있는 중심 법당 듀캉, 헤미스곰파 역대 고승들의 모습을 조성해 봉안한 라캉, 그리고 높이 12미터의 거대한 파드마삼바바상이 조성돼 있는 법당 등 들어서는 곳곳 눈을 뗄 수 없는 보물창고 같다. 무엇보다도 법당 내부를 장엄하고 있는 아름다운 벽화들과 즐비하게 걸려있는 크고 작은 탕카들은 전성기 티베트불교, 라다크불교의 위용과 장엄함을 고스란히 간직하고 있다.

◉── 박물관에서도 예불하는 스님들

하루 종일 둘러본다 해도 이 넓은 곰파를 다 살펴보기란 불가능해 보인다. 하지만 다른 곳은 몰라도 헤미스곰파의 박물관을 놓칠 수는 없다. 왕조의 후원을 받았던 사원답게 헤미스곰파에는 왕실에서 조성하고 보시한 각종 공예품과 탕카들이 다수 소장돼 있다. 이런 보물들을 모아 전시하고 있는 헤미스곰파의 박물관은 지난 2007년 문을 열었는데 별도의 입장료를 내야 들어갈

헤미스곰파에는 높이 12미터의 파드마삼바바상이 봉안돼 있는 법당도 있다.

중심법당 듀캉에는 많은 스님들이 동시에 법회를 볼 수 있도록 자리가 마련돼 있다.

수 있다. 또 박물관 내부에서는 사진 촬영이 엄격히 금지돼 있다. 입구에는 카메라를 비롯해 각종 소지품을 보관해 놓는 사물함도 있다. 모든 짐을 입구에 맡겨놓고 간만에 가뿐한 몸으로 박물관에 들어선다. 붉은 카펫을 깔아 나름 멋을 낸 박물관이지만 첨단 장비나 시설을 갖춘 것은 아니다. 그 대신 세월을 가늠하기 힘들 만큼 빛바랜 탕카, 각종 법회에서 사용되었을 의식용 불구, 왕실에서 보시한 순금 장신구 등이 즐비하다. '라다크에서 가장 부유한 곰파'라는 설명 속에는 헤미스곰파가 지니고 있는 이런 보물들도 포함돼 있음이다.

일행보다 앞서 헤미스곰파에 들어선 사미니 다섯 명과 박물관 안에서 다시 마주쳤다. 스님들은 박물관 안에 전시돼 있는 불상을 감상하는 게 아니라 모든 불상과 탕카를 향해 차례차례 예불을 올리고 있다. 불상과 탕카만도 100여 점은 족히 넘을 텐데, 예불을 모두 끝내려면 무척 오래 걸릴 것이다. 하지만 스님들은 조금도 서두르지 않는다. 그 지극한 신심과 정성어린 모습을 한참 지켜보다 그들을 향해 합장하고 박물관을 나선다.

헤미스곰파가 외국인들 사이에서 가장 유명한 라다크의 '관광지' 가운데 하나이다보니 이런저런 부작용도 적지 않다. 특히 헤미스곰파의 축제를 보기 위해 이곳을 찾았던 외지인들 중에는 이런저런 불평을 쏟아내는 이들도 적지 않다. 입장료를 내고 들어온 외국인들은 마치 쇼 관람을 하듯 멋대로 의식을 방해하기도 한다. 스님들은 그런 관광객들에게 은근히 보시를 강요한다는 불만도 있다. 지나치게 관광지화 돼서 곰파 고유의 수행 분위기를 더 이상 찾아볼 수 없다는 이들도 있다. 물론 그런 지적도 일리는 있다. 하지만 그렇게 정신없는 여름 한철이 지나면 곰파는 다시 본래의 모습으로 돌아간다. 히말라야산맥에 산재해 있는 200여 드룩파 계열 곰파와 1000여 명 스님들의 본산이자 라다키들이 가장 사랑하고 아끼는 곰파로 말이다.

앞으로 헤미스곰파가 또 어떤 모습으로 변할지 가늠할 수 없다. 하지만 박물관의 부처님을 향해 지극정성으로 예불 올리는 스님들, 라다키들의 그 신심이 살아있는 한 헤미스곰파가 관광지로 전락해버리는 일은 결코 없으리라 감히 장담해 본다.

성지순례 중인 사미니 촘마들. 스님들은 곰파 안의 모든 부처님에게 예불을 올렸다.

검은 그을음 속 벽화는 옛 왕조의 슬픈 자화상

"눈이여, 내 눈이여, 조금만 있거라. 인도에 적응하기엔 너무 이르다."

1970년대 인도를 순례한 석지현 스님은 현란하고 혼란한, 너무도 이질적인 인도의 풍경 앞에서 이렇게 탄식했다. 라다크의 하늘 아래서 문득 이 문장이 떠오른 것은 사실, 경계심 때문이다. 유독 하늘이 푸른 날이다. 사진기의 노출계를 아무리 틀어막아도 바늘 끝 같은 조리개를 뚫고 들어오는 빛을 감당할 수 없을 만치 빛나는 날이다. 불과 며칠 전까지만 해도 그 찬란함에 경탄을 쏟아내고 있었다. 그러나 약아빠진 눈동자는 벌써 꾀를 낸다. 이 하늘이 마치 당연하다는 듯 지그시 눈을 감고 한껏 여유를 부리려한다. 벌써 라다크의 하늘에 적응해버린 것인가. 아니다. 아직은 그럴 때가 아니다. 나른함과 피로를 앞세워 스멀스멀 올라오는 나태에 빠지는 순간 순례는 한가로운 나들이 길이 돼버릴 것이다.

아니나 다를까. 우려는 얼마 가지 못해 현실이 되었다. 레에서 남쪽으로 15 킬로미터 떨어진 셰이 팔레스Shey Palace로 가는 길, 꼭 둘러봐야 할 곳을 놓치고야 말았다. 잠깐의 나태 때문이다. 물론 그 사실조차 나중에야 알았지만.

◎── 왕족 떠난 후 버려진 궁전

셰이 팔레스는 원래 라다크 왕조의 여름궁전이었다. 후에 사원이 세워져 지금은 셰이곰파로도 불리지만 정식 명칭은 여전히 셰이 팔레스다. 하지만 '팔레스'라는 호칭은 무색하다. 라다크 왕조의 전성기인 1645년 건설된 이 궁전은 19세기 카슈미르와의 전쟁으로 심하게 파괴되었고 1834년 왕실가족이 왕궁을 버리고 떠난 후 줄곧 버려져 있었다. 왕조의 위용보다는 폐망한 왕국의 쓸쓸함과 전쟁의 처참함만이 객이 되어 남아있다.

이렇게 푸른 날과는 도무지 어울리지 않는 곳, 그래서인지 셰이 팔레스를 찾아가는 길에는 도통 흥이 나질 않는다. 덕분에 가는 길목에 조성돼 있다는 거대한 마애불을 그냥 지나쳐버리고야 말았다. 이 마애불이야말로 셰이 팔레스 주변의 여러 유적 가운데 가장 역사가 오래된 곳인데 말이다. 제작 연대는 8세기 직후로 추정되고 있는데 중앙의 비로자나부처님을 포함, 총 다섯 분의 부처님을 각기 다른 모습으로 조성했다고 한다. 이제 와서 아무리 후회해도 그 모습을 확인할 길이 없다.

이런저런 사연도 모른 채, 바위산 위에 자리 잡고 있는 옛 궁전으로 가기 위해 비탈길을 걸어 오른다. 궁전을 등에 지고 있는 커다란 바위 언덕 곳곳에

셰이 팔레스로 오르는 길엔 진언이 새겨진 바위 '마니석'이 즐비하다. 셰이 팔레스 주변에는 수백 개의 초르텐이
흩어져 있다.

는 진언과 경구 등을 새겨 놓은 마니석들이 즐비하다. 도열해 있는 초르텐과 마니석이 어울린 풍경이 힘든 걸음을 위로한다.

셰이 팔레스는 보수공사가 한창 진행 중이다. 하지만 복원 작업을 하는 인부는 별로 눈에 띄지 않고 군인 차림의 젊은이들만 삼삼오오 모여 있다. 왕이 살지 않는 궁을 복원하는 일에 신명이 날 리 없다. 복원 속도는 한없이 느려 보인다. 이제 막 복원을 마친 건물은 제법 화려해 보이는 붉은 창틀로 장식돼 있다. 벽돌도 반듯하지만 그것은 박제한 동물의 털에 기름을 바른 꼴이다. 처참한 포격의 흔적이 선명한 옛 건물들 사이에서 어색하게 겉돌 뿐이다.

복원이 진행되고 있는 본 건물 뒤편 더 높은 곳에는 옛 건물의 잔해가 바위산과 구분조차 되지 않는 모습으로 남아있다. 라다크왕조 초기에 건설된 요새였는데 부서진 건물 모퉁이 몇 개와 간신히 서 있는 담장 몇 조각만이 그곳에 구조물이 있었음을 알려준다. 그보다는 산산이 부서져 쌓여 있는 벽돌과 갈라진 바위산들이 그곳에서 격렬한 전투와 무차별한 포격이 있었음을, 그리고 그 전쟁에서 패배했음을 더 선명히 보여주고 있다.

그런데도 셰이 팔레스를 찾는 관광객들과 순례객들이 적지 않다. 라다크에서 가장 크다는 청동불상이 이곳에 있기 때문이다. 청동불상은 높이가 12미터에 이르는데, 1970년 틱세곰파Tikse Gompa에 흙을 빚어 조성한 14미터 크기의 미륵부처님상이 조성되기 전까지는 재질을 불문하고 라다크에서 가장 큰 부처님이었다. 이 부처님을 친견하기 위해 지금도 많은 사람들이 이곳을 찾는다. 정확히 말하면 그들은 셰이 팔레스가 아닌 셰이곰파를 찾아오는 것이다.

셰이 팰레스 안에 조성돼 있는 곰파에선 라다크 왕조의 전성기인 17세기에 조성된 높이 12미터의 석가모니 부처님이 참배객을 맞아 준다.

청동불상은 라다크 왕국 최고의 전성기를 열었던 셍게 남걀왕의 아들인 델단 남걀Deldan Namgyal왕이 조성했다. 그 크기가 얼마나 큰지 구리로 조성한 불상을 도금하는 데에만 무려 5킬로그램의 금이 들어갔다. 네팔에서 온 조각가와 세 명의 라다크 장인들이 불상을 조성했으며 복장에는 각종 곡식과 보석, 경전, 만트라 등을 봉안했다고 한다. 이야기를 듣고 나니 기대감이 높아진다.

커다란 창문이 전면을 차지하고 있는 법당으로 들어서니 매캐한 기름 냄새가 먼저 코를 찌른다. 그리 넓지 않은 법당 안쪽에서 간장 종지만한 기름등

십여 개가 불을 밝히고 있는 탓이다. 부처님 앞에 공양하려는 불자들의 정성이니 불을 밝히고 있는 등불을 나무랄 일은 아니다. 다만 그을음이 법당 벽에 덕지덕지 눌어붙고 있는 것이 문제다. 그 벽에는 지금껏 보아왔던 그 어떤 벽화보다도 아름다운 그림들이 있다.

◎── 살아있는 듯 생생한 벽화 속 인물들

벽화 속 하얀 천의를 두른 보살상의 자태는 고혹적이고 금강저를 쥐고 있는 부처님의 법신은 유연하면서도 당당하다. 특히 흥미로운 것은 불보살 주변에 빼곡히 그려져 있는 사람들의 모습이다. 곡식과 과일 등을 담아 공양하는 이의 태도는 정성스럽고, 뒷걸음질치며 버티는 강아지를 부처님께 끌고 가려는 사람의 몸짓은 우스꽝스럽다. 불법을 구하기 위해 멀리서 찾아온 구법승도 보이고, 등에 온갖 그릇을 잔뜩 짊어진 상인은 전형적인 중국 한족의 모습이다. 머리에 하얀 터번을 두른 아랍인도 등장한다. 그림 속 인물들은 방금 그곳에 도착한 사람들처럼 생기발랄하다. 부처님을 친견하고 공양을 올릴 수 있어 더없이 기쁜 듯 보이기도 한다.

비록 그을음에 뒤덮여 퇴색되고 떨어져나가 군데군데 거친 흙벽이 드러나고 있지만 그 위에 남아있는 불보살의 미소는 여전히 선명하고 법신의 윤곽은 뚜렷하다. 아잔타 불교석굴이나 돈황 막고굴의 벽화가 세계 최고 수준이라지만, 혹은 앞서 지나온 알치곰파의 벽화가 라다크 최고의 예술이라지만 이 벽화들이 그에 못지않아 보인다면 짧은 안목의 속단일까. 전문가들의 높

법당 내부 벽화 속 인물의 생생한 표정. 각종 물건을 잔뜩 짊어지고 있는 것이 상인처럼 보인다.

은 안목으로 보면 아잔타 석굴이나 막고굴의 벽화보다 그 수준이 턱없이 떨어질지도 모른다. 하지만 전혀 예상하지 못했던 곳에서 불쑥 마주친 벽화는 한없이 아름답게만 보인다. 더구나 저 검은 그을음에 머지않아 제 색을 영영 잃어버릴 수도 있겠다는 생각이 드니 법당을 지키고 있는 노스님의 한가한 미소가 원망스럽게 보일 지경이다. 그 안타까움과 서글픔이 이 위태로운 벽화들을 향한 막연한 연민이 되고 있는지도 모른다.

법당 내부 가득한 벽화를 모두 둘러보느라 정신이 팔려 정작 이 법당의 주인, 석가모니부처님께는 미처 눈길이 머물지 못했다. 틱세곰파의 미륵부처

셰이 팔레스 중심부에는 라다크 지역에서 가장 크다는 '빅토리스투파' 가 우뚝 서 있다.

님과 마찬가지로 부처님은 3층의 건물을 관통해 좌정하고 있다. 이곳 법당에서는 부처님의 가슴과 두상만 보일 뿐이다. 법당 정면의 창문은 부처님의 상호를 비추기 위함이었다.

틱세곰파의 미륵부처님이 여성적이라면 이곳의 부처님은 남성적이다. 자신감에 가득 차있는 표정과 떡 벌어진 넓은 어깨의 금빛 법신은 당당하다. 젊은 석가모니의 모습엔 왕조의 전성기를 이어받은 델단 남걀왕의 자신감이 그대로 담겨 있다. 법당 아래층에는 고서들이 쌓여 있는 커다란 도서관도 있지만 외부에는 공개되지 않아 들어가지 못한다.

법당 내부의 벽화는 그을음에 시달리고 있지만 유연한 자태의 보살상은 여전히 미소를 잃지 않고 있다.

◎── 전성기 왕국의 자신감 서린 불상

가장 큰 것은 불상만이 아니다. 법당 밖에 세워져 있는, '빅토리스투파'로 불리는 남걀 왕조의 초르텐 역시 라다크 지역에서 가장 크다. 탑의 정상 부분은 순금 보개寶蓋로 장식돼 있다.

  법당을 나서니 빅토리스투파의 황금 보개 위에서 부서진 햇살들이 몸서리치듯 흩어진다. 그 무엇도 영원할 수 없다지만 황폐해진 왕궁 안에 여전히 머물고 있는 옛 왕조의 찬란했던 추억은 보는 이들을 더욱 아련하고 서글프게 만든다. 실크로드의 요충지이자 고급 모직물인 캐시미어의 교역권을 장악하며 히말라야의 맹주로 성장했던 라다크 왕조는 그 교역권을 탐낸 주변 국가들의 침략에 끊임없이 시달려야 했고, 결국 잠무지역의 토후국인 도그라의 침략으로 1834년 종말을 맞는다. 왕족들은 궁에서 쫓겨나 더 멀리 떨어져 있는 스톡 팔레스로 떠나야 했다. 물론 남걀 왕조의 후손들은 지금까지도 막대한 왕실 소유의 재산과 부동산을 보유하고 있으며, 각종 유적의 입장료 등을 징수하며 경제적인 부를 누리고 있다고 한다. 하지만 왕조의 찬란한 명성은 퇴색하고 그저 '로얄패밀리'의 이름만 근근이 이어오고 있다. 라다크의 햇살이 만들어낸 짙은 그림자처럼 그들의 명성도 하늘의 땅에 낮게 드리워져 있을 뿐이다. 히말라야산맥을 누비며 아름다운 문화의 꽃을 피웠던 왕조의 황금기에 대한 추억을 저 법당 안 부처님의 굳세고 당당한 미소에 남겨둔 채 라다크 왕조의 마지막 궁전 스톡 팔레스로 발길을 돌린다.

왕이 사라진 궁은 할머니 다락 같은 추억의 창고였다

세이 팔레스가 라다크 왕조 전성기의 산물이라면 지금 찾아가는 스톡 팔레스Stok Palace는 저물어가는 왕조의 마지막 피난처다. 1825년 세워진 이 여름 궁전은 10여 년 후 권력을 잃고 세이 팔레스에서 쫓겨난 왕실가족들의 은신처이자 마지막 보금자리가 되었다. 그러니 왕실의 궁전으로 영화를 누린 시기보다 한때 왕족이었던 이들이 살고 있는 '여염집'으로 더 오래 사용된 셈이다. 외침에 흔들리는 왕국의 황혼기를 예감했는지 궁을 지은 체왕 톤둡 남걀 Tsewang Thondup Namgyal 왕은 몇 겹의 산자락이 둘러싸고 있는 후미진 산비탈 아래, 망명자의 은신처와 같은 곳을 궁터로 잡았다. 왕국의 중심이 되어 백성을 다스리겠다는 통치자의 의지를 드러내기보다는 복잡한 속세에서 한발 물러나 전쟁의 격랑이 지나기를 기다리기에나 어울릴 자리다. 그나마 언덕위에 자리 잡고 있어 짐짓 위용을 부리는 듯하지만 아무리 보아도 '팔레스'라는 화려한 어감보다는 '고독한 은둔자'라는 뜻의 '곰파'라는 명칭이 더 잘 어울린

1825년 건립된 스톡 팔레스는 10여 년 후 왕국을 잃고 셰이 팔레스를 떠난 라다크 왕조의 마지막 궁전이 되었다.
80여 개의 방을 갖고 있는 이 궁전은 비교적 잘 보존, 관리되고 있지만 웅장한 규모에 비해 적막감이 감돌고 있다.

다. 용도를 알 수 없는 커다란 철탑, 5층 건물인 스톡 팰리스와 맞먹는 높이
의 위협적인 철탑이 옥상에 떡 하니 세워져 있는 것만 빼면 말이다. 아마도
위성방송이나 통신용 전파 송수신을 위한 안테나인 듯하다. 꼭 필요해 설치
한 것이겠지만 스톡 팰리스를 짓누르고 있는 철탑이 눈엣 가시처럼 보인다.

그래도 왕이 지은 집이니 그 규모는 남다르다. 스톡 팰리스에는 무려 80개
가 넘는 방이 있다. 내부에는 왕실 법당도 있다. 하지만 관광객에게 개방되는
것은 네댓 개뿐이다. 그래서인지 스톡 팰리스는 라다크를 찾은 외지인들에
게 그리 인기 있는 관광지는 아니다. 일행이 도착하자 관리인으로 보이는 여
직원 한 명이 앞장서서 안내하며 굳게 잠겨있던 내실의 자물쇠를 하나씩 열
어준다. 관광객이 올 때만 문을 열어주는 듯하다. 방문하는 이가 많지 않다는
뜻이다.

일반인들에게 개방되는 궁전의 내부는 전시실 형태로 꾸며져 있다. 왕족
들이 사용하던 각종 장신구와 의상, 왕관과 무기 그리고 왕실의 일상에서 사
용하던 그릇, 가구 등 다양한 생활 용품들이 전시돼 있다. 각각의 물건은 왕
족의 생활에 어울릴법한 고급스러움을 갖추고 있지만 허영과 권위보다는 정
교함이 더 돋보인다. 궁전의 내부도 웅장하고 화려하기보다는 실용성이 우
선인 듯 적당한 크기의 방들로 이루어져 있다. 위, 아래층으로 이어지는 계단
가장자리에는 작은 화분들이 나란히 놓여 있어 여느 가정집과 다를 바 없이

왕실 법당을 한 스님이 홀로 지키고 있다.

보인다.

다만 눈길을 끄는 것은 벽에 걸린 흑백 사진들이다. 근대 라다크 왕조의 왕과 왕비들의 사진, 혹은 왕실 가족사진이다. 전통 라다크식 모자를 쓰고 정교한 문양으로 장식돼 있는 외투를 입고 있는 여인은 아마도 왕비나 왕의 어머니인 듯싶다. 손자를 안고 있는 왕실 여인의 얼굴에는 근엄함보다 평범한 할머니의 미소가 머물고 있다. 예쁜 딸아이를 안고 있는 왕은 넥타이를 맨 양복차림이고 왕비는 머리를 말끔하게 빗어 틀어 올렸을 뿐 여느 집의 부모들과 다를 바 없이 편안하고 소박하다.

　방문객을 안내하며 문을 열어주는 직원은 전시실 내부에서 사진을 찍지 못하도록 단속하는 역할도 겸하고 있다. 카메라에 손만 갖다 대어도 금세 쫓아와 사진을 찍어서는 안 된다고 손짓을 한다. 덕분에 전시돼 있는 유물과 사진들을 더욱 느긋하고 꼼꼼하게 살펴볼 수는 있다. 하지만 전시실을 소개하는 안내 책자는 고사하고 전시 유물에 관한 설명서 하나 변변히 붙어있는 것이 없는데 오직 눈으로만 보고 기억하라니 답답하고 야속한 생각이 든다.

　서너 개의 전시실을 둘러보고 마지막에 들어선 곳은 궁전 내부에 자리 잡고 있는 왕실 전용 법당이다. 이곳에서는 오직 왕과 왕비만이 참배와 기도를 할 수 있었다고 한다. 하지만 법당의 규모는 예상외로 작고 소박하다. 그래도 천장을 이층 높이로 올리고 사방에 창문을 내어 답답한 느낌은 없다. 법당 내부엔 탕카가 줄지어 걸려 있는데 앞서 사원에서 보았던 것들과 비교해 보아도 더 크고 화려함을 한 눈에 알 수 있다. 보릿가루를 반죽해 만든 탑 모양의 공양물과 버터로 만든 꽃도 더 크고 정교하다. 법당에서 홀로 경을 읽고 있던 스님도 오랜만에 방문객을 맞았는지 잠시 독경을 멈추고 일행과 눈인사를 나눈다. 비교적 젊은 스님인데 이곳 법당에는 스님이 딱 두 명뿐이란다.

　전시실 내부에서는 일체 찍을 수 없다던 사진도 이곳에서는 가능하다. 이곳에 걸려 있는 탕카와 벽화, 불단에 올라있는 각종 공양기와 불구들은 조금 전 전시실에서 봤던 것과 별반 다르지 않은데 말이다. 왕실 가족들의 생활 모습이 외부로 알려지는 것을 원치 않아서일까. 쉽게 이해가 되지 않는다. 왕과 왕비의 전용 법당이라는 설명에 기대를 했는데 여느 곰파의 법당과 크게 다

스톡 팔레스 안에 놓여 있는 마니석.

전망이 좋은 스톡 팰레스의 테라스 카페. 라다크의 거친 산맥과 보리밭의 조화가 빚어내는 전망이 훌륭하지만 적막한 느낌을 지울 수 없다.

르지 않은 모습이다. 실망스럽기보다는 라다크 왕조의 단면, 오늘의 모습이 투영돼 있는 듯해 발걸음이 조금 무겁다.

공개되지 않는 다른 방들의 창문과 출입문은 모두 굳게 닫혀있다. 창문에는 붉은색과 노란색으로 만들어진 커튼이 드리워져 있다. 안을 들여다 볼 수는 없지만 커튼의 화려한 색만으로도 제법 잘 꾸며진 방임을 짐작케 한다. 사람이 상주하는 것 같지는 않다. 다만 언제 올지 모르는 주인을 위해 잘 관리되고 있는 것만은 분명하다.

스톡 팔레스에는 방문객을 위한 테라스 카페가 있다. 전망이 좋은 궁전 외벽 쪽 난간에 작은 의자와 테이블을 놓아 간단한 음료수 정도를 마실 수 있도록 해놓은 것이다. 음료수를 주문하지 않아도 잠시 휴식을 취할 수 있다. 자리를 잡고 앉으면 궁전 맞은편에 길게 펼쳐져 있는 라다크의 거친 산맥과 궁전 아래 펼쳐진 보리밭의 싱그러운 조화를 한눈에 감상할 수 있다. 물론 여름에만 가능하겠지만. 산맥과 산자락들이 둘러싸고 있어 탁 트인 전망은 아니지만 추수를 끝낸 보리밭과 조금씩 누렇게 변해가는 낙엽들의 조화가 잘 어울리고 있어 겨울 시즌 초입의 풍경도 그리 나쁜 편은 아니다. 하지만 좀 스산한 감도 없지 않다. 궁전 주변으로 마을이나 가정집이 거의 눈에 띄지 않는 점도 이 쓸쓸한 풍경을 부추기는데 한몫 거들고 있다. 나라 잃은 왕이 살고 있는 '옛 궁전' 옆에 다스림 받을 백성이 없는 것은 당연한 일인지도 모른다. 겨울이면 이 풍경이 더욱 삭막해질 텐데 겨울이 긴 라다크에서 아무도 없는 계곡을 바라보아야 했을 스톡 팔레스 주인의 심정이 참으로 외로웠겠다. 하지만 어쩌랴. 권력 잃은 왕은 이래저래 외로운 법이다.

라다크 왕조의 마지막 궁전인 스톡 팔레스 내부는 여염집처럼 소박하다.

◎── 드러나길 원치 않는 왕실의 물건들

왕족들은 자신들이 누리던 영화와 힘의 단면을 보여주는 옛 유물들을 오래도록 지니고 있기 마련이다. 하지만 스톡 팔레스의 그것들은 그저 찾아오는 이들에게 슬며시 보이는 전시물이 되었을 뿐, 당당히 세상에 모습을 드러낼 생각은 별로 없어 보인다. 은둔의 시간이 너무 길었기 때문인지도 모르겠다. 스톡 팔레스라는 안내판을 붙이고, 몇 루피의 입장료를 받고, 사진을 찍지 못하도록 규제하는 것은 왕조의 이름을 기억시키기 위한 방법인지도 모른다. 방문객들은 이곳에 왕족이 살았다는 설명과 그들이 사용했다는 유물들을 바라보면서 고개를 끄덕이게 될 것이다. 하지만 그뿐이다. 스톡 팔레스를 뒤로하고 돌아서는 기분은 여느 가정집의 다락방을 들여다 본 느낌이다. 우리 할머니의 할머니가 시집올 때 입고 오셨다는 옷과 어머니의 어머니가 사용하셨다는 그릇과, 아버지의 아버지, 할아버지의 할아버지 등등이 쓰거나 만드셨다는 무엇무엇들. 이제는 사용하지 않는 그것들을 그래도 정성껏 정리해 차곡차곡 쌓아두었던 다락방 말이다. 장엄한 역사의 감동보다는 그냥 '그땐 그랬지' 하는 정도의 추억이 묻어나는 딱 그런 공간이다.

어느 시골 종가집의 옛 살림살이 같은 스톡 팔레스를 나서며 자연스럽게 다음 일정이 정해진다. 진짜 가정집을 가보는 것이다. 스톡 팔레스로 오기 전 입구에 있는 작은 마을에서 '홈스테이' 안내판을 보았다. 라다크 전통 가옥을 보전하고 있는 집인데 라다키들의 전통생활 방식을 직접 살펴볼 수 있다. 무채색의 흑백 사진 같은 옛 왕조의 그림자만 살피기보다 땀 냄새, 사람냄새 배어있는 라다키들의 생활모습, 그리고 그들이 보존하고 있는 조상들의 역사를 만나는 것이 훨씬 즐거운 일이다. 스톡 팔레스를 뒤로하고 서둘러 마을로 향한다.

"손님은 부처님이 보내신 귀한 인연이다"

"차 한 잔 하고 가세요."

라다크를 여행하는 동안 가장 많이 듣게 되는 두 가지 말은 "줄레"라는 인사와 "차 한 잔 마시고 가라"는 초대다. 곰파에서 만난 스님도, 길에서 만난 어르신도, 마을 입구에서 마주친 아이들도, 심지어는 공사장 한 구석에 임시 천막을 치고 거처하는 일꾼들도 눈만 마주치면 '줄레' 인사를 건네고는 스스럼없이 안으로 들어오라 손짓한다. 처음엔 그냥 인사치레려니 했다. 우리나라 사람들이 건네는 "식사하셨습니까"라는 인사말처럼 차 한 잔 하고 가라는 라다키들의 친절도 그냥 인사인 줄 알았다. 하지만 그냥 인사치레가 아니었다. 어쩌다 그 초대에 응해보면 그들이 얼마나 정성을 다해 손님을 대접하는지 쉽게 알 수 있다.

200년 된 옛집의 거실. 화덕을 중심으로 앉은뱅이 탁자가 놓여있는 모습은 새로 지은 집의 거실과 다를 바 없다.

"줄레, 어서 들어오세요."

제법 두툼한 겉옷을 걸친 주인이 문을 활짝 열어 방문객을 맞이한다. 오후가 되면서 갑자기 기온이 떨어지더니 바람까지 한 몫 거들어 턱이 덜덜 떨릴 정도다. 집안으로 들어서니 와락 안겨드는 훈기가 반갑다. 오늘 저녁 식사는 스톡마을 입구에 자리 잡고 있는 라다크 가정집에 부탁을 했다. 안주인은 해가 잘 드는 창가 쪽에 카펫을 깔고 앉은뱅이 탁자가 놓여 있는 자리로 손님을 안내한다.

손님이 앉자 식구들을 모두 불러 차례로 인사를 시킨다. 이 집에는 주인 캠벨 씨와 부인, 그리고 세 명의 아이들이 함께 살고 있다. 마침 누이동생, 그리고 세 살짜리 조카도 놀러와 있어 집안은 아이들로 북적인다.

라다크의 전통 가정은 대가족 형태로 이뤄져 왔다. 단순히 할아버지, 아들, 손자뿐 아니라 형제들과 사촌까지도 한 집에 사는 경우가 흔했다. 그러니 한 식구가 20~30명이나 되기도 한다. 물론 요즘엔 직장과 학교 등을 이유로 아이들은 도시로 떠나고, 형제들은 분가를 하는 경우가 많다. 그러니 옛날처럼 방이 여러 개 있는 큰 집이 필요하지는 않다. 하지만 캠벨 씨는 9년 전에 이 집을 새로 지으면서 전통 방식대로 방을 많이 만들었다. 지금은 그 방의 일부를 관광객용 홈스테이로 사용하고 있다. 집 뒤편엔 예전에 살던 집이 그대로 남아있다.

안주인은 서둘러 차를 준비한다. 양이나 염소의 젖에 찻잎을 넣어 끓여 놓은 차를 구르구르Gurgur라고 하는 긴 나무통에 담고 막대기를 이용해 위 아래

전통 가옥 홈스테이를 체험할 수 있는 켐벨 씨 집 거실 겸 주방엔 멋들어진 옛 그릇들이 자리를 지키고 있다.

로 한참 동안 휘젓는다. 여기에 버터를 조금 넣으면 남낀짜Namkeencha로 불리는 버터차가 된다. 저렇게 긴 나무통에 넣고 휘젓는 것이 좀 힘들어 보이지만 "그래야 제 맛이 난다"니 기다려볼 밖에.

　라다크에서 자주 맛볼 수 있는 음료는 남낀짜 외에도 소금을 조금 넣어 만든 간테짜Kantecha, 그리고 양이나 염소의 젖을 발효해 만든 요구르트 우마Uma 등이 있다. 간테짜는 조금 짠 맛이, 남낀짜는 좀 더 진한 맛이 난다. 어느 쪽

손님을 맞은 안주인은 서둘러 전통 버터차인 '남낀짜'를 만든다.

이든 우리 입맛에 잘 맞는다. 특히 요구르트 우마에는 꿀이나 과일 등을 입맛대로 곁들일 수 있어 간식이나 후식으로 제격이다.

한참 동안 나무통을 휘저어 차와 버터가 적당히 섞이면 주전자에 따라 화덕에 올려놓고 끓이며 수시로 따라 마신다. 안주인은 방금 만든 남겐짜를 찻잔에 넘치도록 따른 후 가장 먼저 손님에게 준다. 고소한 버터향이 감도는 따뜻한 차가 움츠러든 몸을 단번에 녹여준다. 이어 각종 비스킷과 빵, 말린 살구 등 주전부리를 줄줄이 내온다. "이만하면 충분하다"고 아무리 말해도 소용없다. 이쯤 되면 극진한 대접에 도리어 미안할 지경이다.

◎── 200년 넘은 옛집도 살뜰히 보살펴

"집에 찾아오신 손님은 부처님이 보낸 귀한 인연입니다. 이생에서는 비록 처음 만나는 사람일지 몰라도 수없이 많은 전생의 인연이 있었기에 오늘 이렇게 다시 만나게 된 것입니다. 그러니 어찌 반갑지 않을 수 있겠습니까. 그리고 오늘 맺은 인연이 또 다음 생으로 이어질 것이니 결코 소홀할 수도 없습니다."

캠벨 씨의 설명을 들으니 그들의 손님접대가 조금은 이해가 된다. 이전 생에 우리는 어떤 인연이 있었기에 지구의 반대편인 이곳까지 찾아와 마침내 얼굴을 마주하게 되었을까. 손님과 주인의 자리를 따지기 전에 삼생에 걸쳐 이어지고 이어질 인연을 생각하니 식구들의 얼굴 하나하나가 새롭게 보인다.

안주인이 식사를 준비하는 동안 옛집을 살펴보기로 했다. 이 집으로 이사

오기 전 가족과 조상들이 대대로 살던 집이다. 무려 200년이나 된 고택이다. 옛집을 철거하고 그 자리에 새집을 지을까도 생각했는데 당시 생존해 계시던 어머니가 너무 아쉬워해 그냥 남겨 두었다. 그 후 어머니는 세상을 떠나셨지만 지금도 틈이 날 때마다 찾아와 옛집이 상하지 않도록 손을 본다. 이제는 사용하지 않는 옛 물건들도 잘 모아두다 보니 자연스럽게 라다크 전통가옥 전시장이 되었다. 제법 입소문도 나서 여름 시즌 동안에는 일부러 그의 집을 찾아오는 외국인들도 적지 않다.

"라다크 전통가옥은 보통 2층 구조인데 1층엔 가축우리와 곡식 저장고, 창고 등이 있고 2층엔 주방을 겸한 거실과 침실, 화장실 그리고 집안에서 가장 중요한 공간인 기도실이 있습니다. 라다크의 겨울은 길고 추워서 바깥출입이 쉽지 않기 때문에 모든 것들을 집안에 마련해 놓는 것이지요."

옛집엔 오랫동안 사람이 살지 않아 구석구석 먼지가 소복이 쌓여 있다. 하지만 새집의 거실에서 보았던 것보다 훨씬 더 멋스러운 화덕이 여전히 안주인 자리를 지키고 있다. 창가를 따라 앉은뱅이 탁자가 놓여 있는 거실의 구조도 옛집과 새집이 다르지 않다. 다만 옛집 거실 한가운데는 작은 화로가 있고 그 바로 위 천장엔 작은 창이 있다. 화로에서 나온 연기가 집밖으로 쉽게 빠지도록 하기 위함이다. 라다크에는 비가 거의 오지 않으니 지붕을 조금 뚫어 놓아도 별문제가 되지 않았을 것이다.

거실 옆 작은 방은 기도실이다. 지금은 오래된 북 하나와 염주만 놓여 있지만 10년 전만 해도 이곳에선 온 가족이 모여 경을 읽고 기도를 했다. 그 역시 어린 시절 이곳에서 아버지의 독경 소리를 들으며 잠이 들곤 했다.

옛집의 기도실. 지금은 이용하지 않지만 여전히 깨끗하게 관리되고 있는 집안의 성소다.

"옛집은 아무래도 불편하죠. 난방은 그렇다 치더라도 욕실과 화장실은 아무래도 현대식이 편리하니까요. 하지만 옛집은 가족 모두가 거실을 중심으로 함께 식사하고 생활하는 구조였습니다. 거실엔 주방이 딸려 있으니 여자들도 지금처럼 별도의 주방에서 일하는 것이 아니라 가족들이 모여 있는 거실에서 늘 함께 할 수 있었지요. 생활이 편리해지긴 했지만 할아버지 할머니를 비롯해 부모님과 숙부들 그리고 형제, 사촌들이 함께 지내던 어린 시절이 가끔 그립기도 합니다."

옛집을 안내해주던 캠벨 씨가 한동안 거실을 서성인다. 그곳은 그의 어린

집주인이 옛날 베틀에 앉았다. 베 짜는 솜씨가 능숙하다.

시절이 고스란히 담겨있는 추억의 한복판인 셈이다.

2층의 옥상 겸 마당엔 우리의 옛 베틀과 쌍둥이처럼 똑같이 생긴 베틀이 놓여 있다. 캠벨 씨가 오랜만에 솜씨를 자랑하려는 듯 베틀에 앉더니 능숙한 솜씨로 베를 짠다.

"라다크에서는 남자들도 베를 짭니다. 저도 예전엔 자주 베를 짰습니다. 오랜만이긴 해도 솜씨가 녹슬지 않았죠?"

축사와 곡식저장 창고가 있는 1층 처마 밑엔 연료로 쓰일 말린 소똥이 가득 쌓여 있다. 요즘엔 라다크의 대다수 가정에서도 취사용으로 가스와 석유

전통식 화덕에 연료로 쓰이는 마른 소똥도 마당 한쪽에 잔뜩 쌓여 있다.

를 사용하지만 전통 조리기구인 화덕에는 뭐니뭐니 해도 말린 소똥이 제격이란다. 냄새와 연기는 거의 없으면서도 화력이 일정하게 오래 유지되니 가스나 석유에 비할 바가 아니다.

◎── **수제비 닮은 츄타기 맛 '일품'**

전통가옥에서 눈길을 끄는 또 하나의 특징은 집안으로 들어서는 대문 위에 조성해 놓은 작은 초르텐 3개다. 각각 문수보살, 관세음보살 그리고 바즈

라다크의 전통가옥 대문 위엔 삼색 초르텐이 조성돼 있다.

우리나라의 수제비를 쏙 빼닮은 전통 요리 '츄타기'.

라다라Vajradhara로 불리는 환희불을 상징한다. 집 입구에 삼존불을 상징하는 초르텐을 조성해 부처님의 가르침과 자비가 집안에 늘 함께하길 기원하는 것이다. 캠벨 씨는 새집으로 이사한 후에도 이곳에 들를 때마다 초르텐이 허물어졌는지를 꼭 살펴본다. 혹시라도 허물어진다면 그는 곧바로 새 초르텐을 조성할 것이다.

옛집을 둘러보고 새집으로 돌아오니 순식간에 100년의 시간을 뛰어넘은 기분이다. 거실에 놓인 화덕 대신 주방에서 요리를 하던 안주인이 준비된 저녁 식사를 내온다. 얼핏 보니 우리 수제비와 조금도 다를 바가 없다. 숭덩숭

덩 썰어 넣은 감자가 곁들여진 것이 영락없는 감자 수제비다. 다만 밀가루 대신 보릿가루를 반죽해 얇게 편 후 삼각형 모양으로 접어 모양을 내고 각종 야채를 넣어 함께 끓였다. 츄타기Tsutagi라는 라다크 전통 요리다. 커다란 접시에 한가득 츄타기를 담아준 안주인은 "어서 먹어보라"며 잔뜩 기대에 찬 표정이다. 제법 자신 있어 보인다. 맛을 보니 그럴 만하다. 갓 끓인 츄타기는 밀가루보다 쫄깃한 맛은 덜하지만 대신 보릿가루의 고소함이 담백한 맛을 낸다. 강렬한 향신료의 인도 요리와는 전혀 다른 라다크의 맛이다. 화덕에 구운 보리빵 참파tsampa도 소박하고 거칠지만 정직하고 은근한 맛이다. 한 그릇을 다 비우기도 전에 더 먹으라며 한 국자 듬뿍 떠서 그릇에 덜어주는 인정은 마치 우리의 옛 어머니들 같다.

"더 먹어라"는 권유를 몇 번이나 거듭 사양하고 나서야 겨우 저녁 식사가 끝났다. 달콤한 차와 말린 과일 등으로 후식까지 마치고 나니 이미 해가 저물었다. 숙소가 있는 레로 돌아가는 길, 오후 반나절 짧은 인연이었지만 캠벨 씨와의 작별 인사는 쉽게 끝나지 않는다. '부처님께서 보내신 인연'과 헤어져야 하는 캠벨 씨도, 오랜만에 집에 돌아온 듯 따뜻한 저녁 식사를 즐긴 일행도 쉽게 떨어지지 않는 발걸음 때문이다. 몇 번이나 손을 흔들며 "줄레, 줄레" 인사를 건넨 후에야 차는 출발한다. 오늘 맺은 이 인연이 다음 생에 어떤 만남으로 이어질까. 레로 돌아오는 내내 식구들의 얼굴이 머릿속에 아른거린다.

수직의 성벽으로만 남은 옛 왕국의 위엄

비행기를 타고 히말라야를 넘어 라다크로 들어오던 날, 눈 아래 펼쳐진 첩첩 설산을 보며 마음속에서는 두 생각이 갈등하고 있었다.

'조금 어렵더라도 육로를 이용해 오는 것이 옳지 않았을까. 이렇게 비행기를 타고 휙 지나버리고서야 어찌 히말라야에 다가갔다고 할 수 있을까.'

하지만 '비행기로 오길 참 잘했다'는 생각이 그 뒤를 따라붙었다. 저 험한 산길, 끝이 보이지 않는 굽이굽이 설산을 돌아왔다면 레에 도착하기도 전에 질려버렸을 것이다. 어느 쪽에도 온전히 손을 들어줄 수 없어 이랬다, 저랬다 하는 사이 비행기는 레 상공으로 접어들었다. 바로 그 순간 '비행기 타고 오길 참 잘했다'는 생각이 가슴을 쳤다. 사막의 오아시스처럼 둥지를 틀고 있는 녹색의 도시 레가 한눈에 들어왔기 때문이다. 그 광경을 보기 전까지 고갯길의 땅, 해발 3,500미터의 아득한 도시 레의 이미지는 풀 한포기 자라지 않는 거칠고 메마른 땅이었다. 하지만 상공에서 바라본 레는 히말라야의 한자락이라고는 믿기지 않을 만큼 푸르고 아름다웠다. 그 아름다운 이미지는 기억 속에 각인되어 지금까지도 '푸른 도시 레'로 남아 있다. 비행기에서 보았던 그 기억이 다시 떠오른 것은 레 시내를 굽어보고 있는 고성, 레 팔레스Leh Palace에 올라서였다.

레 팔레스는 라다크의 중심도시 레의 옛 영광을 말해주는 거대한 추억이다. 라다크 왕국의 수도였던 레에서는 어느 곳에서나 도시를 굽어보고 있는 레 팔레스와 눈을 맞출 수 있다. 가파른 언덕위에 자리 잡고 있는 레 팔레스는 먼 곳에서도 쉽게 찾아볼 수 있는 도시의 이정표다.

◎── 포탈라궁 모델이 됐던 웅장함

레 팔레스는 1553년 체왕 남걀왕에 의해 건설이 시작되었다. 하지만 레 팔레스를 완성한 이는 그의 조카이자 라다크 왕국의 전성기를 열었던 셍게 남걀왕이었다. 왕국의 전성기, 그 화려했던 시절의 결정체가 바로 레 팔레스였다. 레 팔레스는 건축 당시 세계에서 가장 높은 건축물이었으며 반세기 가량 후에 건축된 티베트 라싸의 포탈라궁이 바로 레 팔레스를 모델로 삼았다 하니 당시 라다크 왕국의 국력과 위상이 대단했음이다. 포탈라궁과 비슷한 모습이어서 '소 포탈라'라 불리는 애칭도 레 팔레스로서는 부족하기 짝이 없는 별칭이다.

라다크 여정의 끝자락에서 레 팔레스로 향한다. 도시가 내려다보이는 험

험준한 바위산 중턱에 우뚝 솟아 있는 레 팔레스. 9층 높이의 이 오래된 성은 건축 당시 세계에서 가장 높은 건물이 었다.

준한 바위산 중턱에 우뚝 솟아 있는 레 팔레스로 가는 길은 역시나 비탈진 산길이다. 그나마 입구까지 도로가 놓여 있어 차를 이용할 수 있다. 산길을 타고 오르다보면 아래로 구시가지가 한눈에 들어온다. 흙벽돌을 쌓고 그 위에 다시 흙을 이겨 바른 라다크의 흙집들. 얼핏 보아서는 사람이 살지 않는 폐가처럼 보이기도 한다. 하지만 자세히 들여다보니 창문마다 드리워진 커튼과 여기저기 쌓여 있는 땔감용 나무, 그리고 옹색한 살림살이들이 이곳에 사람이 살고 있음을 말해준다. 다닥다닥 붙은 집들과 좁은 골목으로 이어지는 이 구시가지의 모습은 수백 년 전이나 지금이 별반 다르지 않을 듯하다.

레 팔레스 입구에 도착하니 시가지가 온전히 한눈에 들어온다. 왼편은 산비탈을 따라 흙집들이 빼곡히 들어서 있는 올드타운이고 오른편은 레의 중심 시가지다. 그 너머로는 푸른 나무들이 담장처럼 둘러쳐져 있어 왼편 올드타운의 흙빛 풍경과 묘한 대조를 이루고 있다.

도시가 한눈에 내려다보이는 곳에 서 있는 레 팔레스는 가까이 와서 보니 더욱 웅장하다. 9층 규모의 높이를 자랑하는 레 팔레스는 땅에서 솟아 오른 듯 위로 향하는 수직의 성벽을 이루고 있어 도시 전체를 압도하는 느낌이다. 온통 바위뿐인 산비탈 위에 어떻게 이처럼 거대한 건축물을 쌓아 올렸을까. 전성기에 달했던 라다크 왕국의 국력과 강력했던 왕권의 위엄이 고스란히 성벽에 흐르고 있다. 하지만 그런 위용에 압도당하는 것도 잠깐, 성으로 들어가는 입구는 초라하기 그지없다. 레 팔레스를 소개하는 안내판 하나와 입장권을 파는 조그만 매표소만이 입구를 지키고 있다. 그나마 100루피의 입장료를 내고 성 안으로 들어가는 사람은 한 명도 보이질 않는다.

레 팔레스 입구. 들어가는 이도, 나오는 이도 없는 쓸쓸한 명승지다.

"1834년 왕족들이 스톡 팔레스로 쫓겨난 이후 레 팔레스는 버려진 궁전이 되었습니다. 이후 지금까지 줄곧 비어있어서 궁 안에는 남아있는 것이 아무 것도 없어요. 최근 들어 일부 복원공사를 하고 있긴 하지만 무너진 곳을 보수 하는 정도입니다."

가이드는 굳이 레 팔레스에 들어갈 필요가 없다며 일행을 만류한다. 그래 도 여기까지 왔는데 들어가 보지 않는다는 것도 꺼림칙하다. 이러지도 저러 지도 못하고 있는데 마침 성 안에서 한 외국인 청년이 나온다. 그에게 결정권 을 주겠다는 심정으로 안의 사정을 물어보니 대답이 간단하다. "Nothing!"

레 팔레스에서 내려다 본 레 시내. 흙집이 즐비한 구시가지 우측으로는 푸른 숲이 펼쳐져 있다.

아무것도 없다며 고개를 내젓는다. 그래도 못내 아쉬운 표정을 보이자 디지털카메라로 자신이 촬영한 사진을 보여준다. 온통 컴컴한 계단과 아무것도 없이 텅 빈 방, 그리고 어설프게 벽에 걸려 있는 몇 장의 흑백사진뿐이다.

◎── **텅 빈 성 안엔 불빛조차 없어**

사진 속의 모습이 포탈라궁을 지으며 모델로 삼았을 만큼 웅장하고 아름다웠던 레 팔레스의 현실인가 싶어 망연자실하다. 기대가 컸던 만큼 실망도 큰 법이다. 라다크에 도착한 첫 날, 우뚝 솟은 레 팔레스를 올려다보며 이곳이 라다크의 심장임을, 마침내 이곳에 도착했음을 새삼 느끼며 얼마나 가슴 설레였던가. 시가지를 오갈 때마다 시선을 사로잡는 수직의 아름다움에 끌려 단박에 뛰어 올라가고 싶은 마음을 애써 달래며 라다크여행의 마지막 정점으로 고이고이 아껴두었던 레 팔레스였다. 그런 레 팔레스의 초라한 속사정 앞에서 한동안 할 말을 잊는다.

아쉬운 발길을 그냥 돌리지 못한 채 잠시 망설이고 있는데 언덕 위로 펄럭이는 타르초가 보인다. 레 팔레스가 자리하고 있는 바위산 정상의 승리요새와 남걀 체모Namgyal Tsemo곰파다. 승리요새는 16세기 라다크 왕국이 발티 카슈미르Balti Kashmir 군대와의 전쟁에서 승리한 것을 기념해 세워졌고 곰파는 그보다 앞선 15세기에 건축된 사원이다. 레 팔레스의 아쉬움을 곱씹으며 바위산 기슭을 따라 30여 분 숨 가쁘게 올라가니 작은 곰파의 입구다. 곰파 안에는 3층 높이의 미륵불이 거친 산길을 올라온 이들을 위로해준다. 레 팔레

레 팔레스가 자리하고 있는 바위산 정상의 남갈 체모곰파.

스 앞에서 보았던 시가지가 좀 더 넓은 시야로 눈에 들어온다. 이래저래 맥이 풀려 아무 곳에나 털썩 주저앉아 한눈에 들어오는 레를 하염없이 굽어본다.

황폐해진 레 팔레스, 껍데기만 남아있는 과거의 영광을 혹자는 오늘날의 라다크에 비유하곤 한다. 호지 여사가 『오래된 미래』를 통해 우리에게 보여주었던 라다크는 이미 레 팔레스의 속살처럼 사라져가고 있는 과거의 추억이라는 것이다. 레에는 시장경제가 자리잡은 지 오래고 주요 상권은 서쪽의 카슈미르를 비롯해 외지에서 들어온 상인들이 장악하고 있다. 전통적인 농업 공동체의 모습은 구세대에게나 적용될 뿐 라다크의 젊은이들은 고등교육을 위해 고향을 떠나고 더 좋은 직장을 위해 라다크를 벗어나고 있다고 한다. 이슬람과 힌두교도의 숫자가 점점 늘어가고 요즘에는 기독교의 유입도 빠르게 증가하고 있다니 라다크에 거센 변화의 바람이 불고 있는 것만은 분명한 사실이다.

◉── 오래된 미래는 어디에 머무는가

하지만 여전히 많은 사람들이 라다크를 찾아오는 이유는 무엇일까. 오래된 미래가 모두 사라지고 껍데기만 남아있다면 굳이 많은 사람들이 이곳을 찾아올 이유가 어디에 있단 말인가. 그동안의 여정 속에서 보았던 라다크의 표정은 모두 퇴색해버린 과거의 그림자일 뿐이었을까.

낯선 이방인에게 불쑥 사과를 내밀던 어린 사미니의 손, 어린 동생을 등에 업고 환한 미소로 인사를 건네던 시골 마을의 소녀, 희박한 공기에 숨을 헐떡이던 일행을 걱정스런 눈으로 바라보던 노스님, 그리고 따듯한 차 한 잔을 건네며 남은 여정의 평안을 빌어주었던 어느 이름 모를 노인의 미소까지. 그것들은 분명 살아있는 라다크의 오늘이었다.

라다크가 품고 있는 오래된 미래는 허물어져가는 레 팔레스가 아닌 그곳에 살고 있는 사람들, 그들이 보여주었던 그 꾸밈없는 미소와 거칠지만 따듯한 손안에 있는 것은 아니었을까. 끝나지 않고 이어지는 물음과 대답 속에서 맴돌고 있는 사이 오늘 하루도 변함없이 달려온 라다크의 태양이 서쪽으로 기울어가고 있다.

실크로드의 거점, 레는 국제무역도시였다

낯선 땅 라다크를 여행하는 이들에게 도시나 마을의 위치를 알려주는 가장 쉬운 방법은 "레를 기준으로 어디어디 쯤"이라고 설명하는 것이다. 사실 라다크 지역의 모든 주요 도로가 레를 기준으로 뻗어나가고 있으니 레는 명실상부한 라다크 여행의 출발지라 할 만하다. 특히 육로를 이용해 라다크로 들어온 이들은 레에 들어서는 순간 미묘한 안도감에 사로잡히곤 한다. 낯설고 고독한 미지의 땅에서 다시 '인간 세상'으로 내려온 듯한 안도감 말이다. 남쪽 마날리를 거치는 길이나 서쪽 스리나가르에서 카르길을 지나오는 길 모두 해발 5,000미터를 훌쩍 넘는 고봉준령이다. 그 험준한 산길에서는 한여름이라도 흩날리는 눈발을 만나는 일이 드물지 않고 산비탈서 굴러 떨어진 낙석으로 도로가 막혀 오도 가도 못한 채 몇 시간을 하염없이 기다려야 하는 경우도 다반사다. 그러니 라다크 방문 경험이 없는 이들은 수십 시간에 걸친 여정 내내 잠 한숨 들기가 쉽지 않다.

라다크의 중심도시 레는 인도의 어느 곳 못지않게 현대화가 진행된 도시다. 레를 외부세계와 연결해주는 도로는 비교적 잘 포장돼 있고 시내는 많은 사람들로 북적거린다. 비록 고층빌딩과 네온사인 같은 간판은 눈에 띄지 않지만 화려한 조명이 불을 밝히고 있는 상가의 쇼윈도에는 고급 캐시미어와 각종 보석 세공품들이 멋들어지게 진열돼 있다. 거리에서는 인도 전역뿐 아니라 전 세계에서 찾아온 다양한 생김새의 사람들을 쉽게 만날 수 있고 교통정체도 일상이 돼 있다. 물론 중심도로를 조금 벗어난 골목길엔 싸구려 음식점과 노점상들도 즐비하다.

"레를 바깥 세계와 연결하는 도로의 건설은 라다크를 전 지구적인 거시경제 속으로 끌어들였고, 지역의 경제활동을 수도에 집중시켰다. 현대 생활의 모든 요소가 그곳에 도입되었다."

『오래된 미래』의 저자 헬레나 노르베리 호지 여사의 표현처럼 레에는 현대인들의 일상에 요구되는 거의 모든 '편의'가 갖춰져 있다. '도시 중심에서 어느 쪽으로든 5분만 걸어가면 여기저기 커다란 농가가 있는 보리밭이었던' 그런 레의 모습은 어디에서도 찾아볼 수 없다. 그 대신 중심에서 어느 쪽으로 가든 5분 안에 식당과 기념품가게, 여행자들을 위한 숙소를 만날 수 있다. 그러나 레의 이런 모습에 오히려 편안함을 느끼는 것은 '현대인'의 범주에 속해

budshah Inn
RESTAURANT
SINDH BAKERY
LEH BOOK DEPOT
JAMIA
MASJID
LEH

레 중심에 자리 잡고 있는 이슬람 사원 자미아 마스지드. 사원은 레 팔레스를 가로막고 있지만 언덕 위에 우뚝 솟
아 있는 레 팔레스는 시내 어디서나 쉽게 보인다.

있는 우리 일행뿐일까.

라다크 일정의 마지막 날 레 시내로 나왔다. '여름이면 레의 거리는 차량으로 붐비고 공기는 디젤연기로 숨이 막힐 지경'일 뿐 아니라 '전통적인 예절은 사라지고 현대도시 생활의 밀치고 다니기가 자리를 잡았다'며 호지 여사가 안타까워했던 레의 모습은 생각보다 훨씬 조용하고 깨끗했다. 도로에 차가 많기는 하지만 델리를 비롯해 인도의 여타 도시에 비할 바가 아니다. 길거리에 버려진 쓰레기는 드물고 사람들은 비교적 친절하다. 어쩌다 길이라도 물어보면 손짓발짓을 다 동원해 방향을 알려준다. 그래도 안 되면 가까운 거리는 기꺼이 앞장서서 길잡이가 되어준다. 그리고 헤어질 땐 손을 흔들며 "줄레, 줄레" 인사도 잊지 않는다. 그런 친절한 안내에 힘입어 레 시내 이곳저곳을 돌아다닌다.

레 시내의 중심인 메인 바자르Main Bazaar는 아이러니하게도 이슬람 사원인 자미아 마스지드Jamia Masjid에서 시작된다. 이 사원은 17세기 무렵 이슬람권의 침략을 받으며 서서히 붕괴하기 시작한 라다크 왕국의 역사를 증언하고 있다.

16~17세기 전성기를 구가했던 라다크 왕국은 17세기 강력한 제국을 형성하며 확장하던 무굴제국과 맞닥뜨리며 위축되기 시작했다. 여기에 17세기 말 이웃하던 티베트와 부탄의 분쟁에서 부탄을 도와 티베트를 침략한 것이 빌미가 되어 1679년 티베트-몽골연합군의 공격을 받기에 이른다. 거대한 연합군에 밀린 라다크 왕조는 수도 레를 버리고 서쪽 바스고 요새로 후퇴해 결사적으로 저항했지만 역부족이었다. 결국 라다크의 델렉 남갈Deleg Namgyal

레 시내의 메인 바자르. 사람들과 자동차로 늘 북적인다.

왕은 무굴제국에 도움을 요청, 아우랑제브황제의 도움을 받아 티베트-몽골 연합군을 라다크산맥 너머 판공호수까지 밀어내는 데 성공한다. 하지만 도움의 대가는 상상외로 비쌌다. 아우랑제브는 라다크 왕국의 수도 레에 이슬람 사원인 모스크를 건설할 것과 델렉 남걀왕의 이슬람 개종을 요구했다. 라다크에 막대한 이익을 안겨줬던 캐시미어 교역권과 엄청난 양의 조공 또한 무굴제국에 바쳐야했음은 당연지사였다. 막강한 무굴제국의 배경 위에 세워진 이슬람 사원 자미아 마스지드는 1685년 완성됐지만 무굴제국의 영향력은 모스크만큼 오래 가지 못했다. 1세기가 채 지나기도 전에 아우랑제브의

라다크산맥서 내려다본 레. 우측 언덕 위의 하얀 탑은 일본 불교계가 건립한 산티스투파다.

사망과 함께 무굴제국은 급속히 쇠락했기 때문이다. 그러나 이후에도 라다크는 독립왕국으로서의 위상을 회복하지 못한 채 주변 이슬람 왕국의 속국 신세를 전전하다가 결국 인도 잠무·카슈미르주의 일부로 남게 되었다. 이는 잠무·카슈미르주의 동쪽, 주 전체 면적의 거의 절반이 라다크 지역이면서도 주 명칭에 '라다크'라는 이름이 빠진 이유이기도 하다.

자주권을 찾지 못한 채 강대국의 속국이 되어 역사의 강을 무기력하게 떠내려 온 라다크 왕국은 지도상에 '라다크'라는 이름을 남길 용기도, 그 이름이 사라지는 것을 막을 의지마저도 잃어버린 것이 아니었을까. 비록 라다크 왕조의 남걀 가문이 지금까지도 '자기르Jagir'라 불리는 작은 영토와 왕궁을 소유한 채 지방 토후로서의 영향력을 행사하고 있기는 하지만 라다크 민중들로부터 그리 존경 받지 못하는 이유는 바로 이러한 역사와도 무관치 않을 것이다.

역사를 대변하듯 자미아 마스지드는 레 팔레스의 전면을 떡하니 가리고 서 있다. 마치 라다크 왕국 따위는 이슬람제국에 가려 이제 곧 역사의 뒤편으로 사라질 것임을 예고하듯. 하지만 그 뒤로 우뚝 솟아있는 레 팔레스는 여전히 라다크를 굽어보고 있다. 오히려 자미아 마스지드는 타르초의 펄럭임 속에 휘감겨 있는 듯 보인다. 왕이나 왕국에 의해서가 아니라 소박하지만 살구나무처럼 강인한 생명력을 지닌 라다키들과 그들의 불심에 의지해 레는 여전히 라다크의 중심이자 라다크 불교의 중심으로 위상을 이어가고 있는 것이다.

사실 레에는 다양한 종교가 공존하고 있다. 레가 외국인들에게 개방되면서 서쪽으로부터 들어온 이슬람 상인뿐 아니라 델리 등 남쪽에서 들어온 힌두교도들도 적지 않다. 그보다 앞서 유럽의 영향력이 밀려들어오기 시작했던 19세기 말부터는 유럽의 모라비아선교회가 레에 진출해 선교본부를 세우고 기독교 전파의 중심지로 삼기도 했다. 지금도 레에는 모라비아선교회에

시내를 굽어보고 있는 레 팔레스.

서 세운 교회와 미션스쿨이 있다.

그렇다면 이들 사이에 별다른 충돌은 없을까. 적어도 표면상으로는 그렇게 보인다. 힌두교의 신상이 입구를 장식하고 있는 튀김가게 옆으로 법륜 마크가 선명한 기념품가게가 있고 그 길 맞은편에서는 이슬람교도가 운영하는 서점이 옹기종기 모여 있는 풍경이 오늘날의 레다. 그러나 이면을 들여다보면 그리 단순하지만은 않다. 레의 중심, 메인 바자르에는 라다크불교협회 Ladakh Buddhist Association의 본부인 소마Soma곰파가 있다. 라다크불교협회는 근현대 이슬람과 유럽의 영향력으로부터 라다키들의 실질적인 자치를 가능하게 만들었던 구심점이었다. 이들은 지금까지도 불교를 중심으로 하는 라다크 공동체가 붕괴되는 것을 막기 위해 라다크지역에서 벌어지는 외래 종교의 활동을 주목하고 있다.

20여 년 전 라다크에서는 불교도와 이슬람교도간의 충돌이 있었다. 잠무·카슈미르주의 통치권이 주도 스리나가르를 중심으로 이슬람권에 집중되자 이슬람세력의 오랜 라다크 지배로 인해 쌓여왔던 라다키들의 불만이 폭발, 1989년 두 종교 간의 충돌이 벌어진 것이다. 순박하고 온순한 줄만 알았던 라다키들이 집단 반발하며 잠무·카슈미르주로부터의 독립을 요구하자 당황한 인도 정부는 1995년 라다크자치산악개발협의회Ladakh Autonomous Hill Development Council를 결성, 자치권을 보장하게 되었다. 물론 잠무·카슈미르주 정부는 여전히 라다키들의 자치를 탐탁치 않게 여기고 있어 이로 인한 충돌이 종종 발생하기도 하지만 큰 문제가 되는 경우는 드물다. 더구나 인도로부터의 독립을 요구하며 무력유혈사태를 불사하는 서쪽의 이슬람세력에 비하면 라다키들의 자치요구는 차라리 애교에 불과한 것 아닌가.

레에서 라다키들의 불만이나 종교간 갈등 따위를 발견한다는 것은 사실상 불가능한 일이다. 그보다는 다양한 종교와 다양한 인종이 어울려 있는 모습, 그것이 레의 인상이다. 그리고 그것이 레의 오래된 진짜 모습일지도 모른다. 동쪽의 중앙아시아로부터 서쪽의 유럽까지 이어지는 실크로드 교역의 거점지였던 레에는 다양한 인종과 다양한 종교가 모여들었을 것이다. 고되고 험한 고산의 교역로를 지나온 상인들은 레에 이르러 비로소 짐을 풀고 잠시의 휴식을 맛보았을 것이다. 서쪽으로 더 나아가 파키스탄과 유럽까지 갈지, 아니면 남쪽으로 방향을 바꿔 인도로 내려갈지도 이곳 레에서 결정되었으리라. 그러니 당시 레는 명실상부한 국제도시가 아니었을까.

'레를 바깥 세계와 연결하는 도로'가 건설되기 훨씬 전부터 수많은 상인들이 고갯길을 따라 레를 오갔으며 동서양의 진귀하고 다양한 문물들이 모이고 흩어졌다. 히말라야 자락의 고립된 하늘도시가 아닌 국제무역도시 레, 그것이 훨씬 더 적합한 이름일 것이다. 라다크가 수세기동안 주변 국가들의 끊임없는 외침에 시달려야 했던 것도 이곳이 동서교역의 중심, 명실상부한 국제무역도시였기 때문일 것이다.

허름한 천막이 줄지어 쳐져있는 올드마켓이나 길가의 노점상에서는 네팔과 티베트, 아니면 남인도나 멀리 파키스탄 어디쯤에서 온 듯한, 조금은 비슷하고 조금은 달라 보이는 다양한 물건들이 어우렁더우렁 섞여 있다. 그 복잡하지만 활기 가득한 풍경 속에 레의 옛 모습이 서려있는 것은 아닐까. 꼬리에 꼬리를 물고 이어지는 상념은 골목에서 골목으로 이어지는 레 도심 어디쯤에서 해질녘까지 계속된다.

레에서는 잔스카르산맥의 최고봉인 스톡 깡그리(Stok Kangri)가 선명하게 보인다.

들꽃 같은 사람들이 오래된 미래를 꽃 피우리

라다크 여정의 마지막 밤, 그동안 뒤죽박죽 싸들고 다니던 가방을 정리하기로 마음먹었다. 아무렇게나 구겨서 가방 속에 쑤셔 넣었던 옷가지며 참고용 자료와 책, 여정 내내 한 몸처럼 껴안고 다녔던 카메라 등등. 별로 크지도 않은 가방에서 쏟아져 나온 짐 꾸러미들이 침대 위로 한가득이다. 그 가운데 두통약, 복통약, 감기약, 해열제 등등 온갖 '비상약'들이 완비돼 있는 '약 꾸러미'도 한자리 차지하고 있다.

라다크행을 준비하면서 '혹시나' 하는 마음에 온갖 약들을 구해 한보따리 챙겨 놓고는 '철저한 준비성'에 스스로를 대견해 했었다. 하지만 그 약들은 여정 내내 꾸깃꾸깃 구겨진 채 가방 속에 처박혀 있었다. 고산병 예방약 몇 알과 비타민제 약간 외에는 뜯어보지도 않은 약들이다. 저렇게 많은 약이 필요할 만큼 라다크는 '위험한 오지'가 아니었다. 서울로 돌아갈 준비를 하며 한보따리 약을 보니 출발 전 가슴 뛰던 설렘, 그 밑바닥에는 스스로도 깨닫지 못했던 두려움과 불안감이 깔려 있었다는 생각이 문득 든다. 두려움은 무지에서 나오는 것이니 결국 라다크에 대해 그만큼 무지했던 것은 아닐까.

하긴, 무지한 여행객의 가방 속 짐이 어디 그뿐이랴. 부처님의 가르침을 기둥 삼아 가난하지만 소박한 삶에 만족하고, 현대 문명이 주는 편리보다는 자연과 하나 되어 조화를 이루는 삶. 경쟁과 발전의 논리보다는 정신적 만족을 추구하는 사람들. 하늘은 늘 청명하게 푸른빛이고, 곰파엔 늘 장엄한 기도 소리가 울리며, 밤이면 쏟아질 듯 촘촘한 별들이 가득한 곳. 여행 가방 속 바리바리 챙겨 넣었던 상상 속 라다크는 그런 모습이었다.

물론 이것만이 전부라 생각한 것은 아니었다. 그곳에도 변화의 바람이 불고, 고달픈 삶의 고민이 있으며, 구름도 끼고 비도 올 것임을 어찌 몰랐겠는가. 다만 눈에 콩깍지가 덮인 연인들처럼 그런 생각들은 늘 뒷자리로 밀려나 있었다.

라다크에 처음 발을 디디며 나름 '낭만적인 상상에 빠지지 말 것', '보고 싶은 것만 보려하지 말 것'을 스스로에게 수없이 주문했다. 하지만 그것은 처음부터 불가능한 일이었다. 우리는 모든 것이 낯설고 신기한 이방인이었으며 잠시 머물다 지나가는 사람일 뿐이었다. 서울에서부터 짊어지고 온 상상 속 라다크를 수시로 꺼내 비교하며 때론 만족해 가슴 벅차고 때론 실망해 얼굴 찌푸리는 일이 얼마나 많았던가. 구겨지고 찌그러진 채 뒤죽박죽되어 널브러져 있어 어디서부터 어떻게 정리해야 좋을지 모를 짐들을 망연히 바라보고 있자니 지난 여정에 대한 아쉬움과 후회, 그리고 허전함이 몰려들어 또 다시 무거운 짐이 된다.

잠시 일손을 멈추고 그동안 촬영한 사진들을 돌려본다. 거친 산맥과 하얗게 눈 덮인 산봉우리. 풀 한포기 없이 황량한 벌판과 깎아지른 듯 위태로운 절벽. '하늘의 땅'이라는 미사여구보다는 '인간에게 적대적인 땅'이라는 표현이 더 어울릴 법한 그림들이 수없이 지나간다.

하지만 그 속에는 라다키들의 해맑은 미소도 가득하다. 어린 동생을 업고 있는 소녀, 손때 묻은 염주를 들어보이는 할머니, 굵게 주름 패인 얼굴로 말린 살구 한줌을 나눠주는 스님⋯. 낯선 이에게 정겨운 미소를 보내고 친절하게 인사를 건네며 여정의 평안을 기원해 주었던 이들. 그 미소는 메마른 땅에서 피어난 들꽃처럼 라다크 곳곳에서 빛나고 있었다. 빈틈없이 짜여있던 일정 속에는 없었지만 하루에도 몇 번씩 어느 길가, 어느 마을, 어느 사원에서 불쑥 이뤄지는 그들과의 만남은 놀라운 경험이자 즐거움이었다.

돌이켜보면 여정을 마무리하는 지금까지도 애초에 품었던 무수한 질문들은 답을 구하지 못한 듯하다. 그들이 가난한 삶 속에서도 진정 행복하다고 느끼는지, 부처님의 가르침이 변함없는 의지처인지, 경제적 발전보다 자연과의 조화로운 삶이 더 중요하다고 생각하는지, 여전히 가늠치 못하겠다. 라다크의 하늘은 수시로 구름에 가려 청명한 푸른빛을 숨겼고 수백 년 된 곰파에선 장엄한 염불 소리대신 텅 빈 바람 소리만 들리기도 했다.

이번 여정동안 일행의 안내를 맡은 델렉 남걀 군과 며칠 전 저녁 식사를 함께하며 잠시 이야기를 나눌 기회가 있었다. 올해 스물네 살인 델렉은 라다크의 누브라밸리가 고향이지만 부모님의 도움을 받아 일찌감치 델리로 유학했고 지난 봄, 대학을 졸업했다. 역사학을 전공했고 공부를 더하기 위해 대학원에 진학하고 싶은 생각도 있지만 연로하신 할머니와 농사짓는 부모님, 그리고 아직 미혼인 여동생이 있는 그는 사실상 집안의 가장으로서 책임을 다하는 것이 우선이라 생각하고 있다. 하지만 당장에 일자리를 구하지 못한 델렉은 라다크에 관광객이 몰리는 여름 시즌 동안 관광객들을 안내하는 아르바이트를 하고 있는 것이다. 졸업 전에도 여름방학 동안은 레로 돌아와 아르바이트를 하며 집안 살림을 도왔다. 이번 시즌이 끝나면 본격적으로 일자리를 구할 생각이다.

"경찰이나 군인이 되고 싶어요. 만약 공부를 계속할 수 있다면 정치, 경제, 역사학 중에 한 가지를 전공하고 싶지만 아직 결정을 못했어요. 공부를 계속할 수 있을지도 모르겠고. 물론 델리에서 일자리를 구하고 싶죠. 하지만 아는 사람도 없는 델리에서 취직하기는 하늘의 별따기에요. 그러니 그냥 고향에서 안정적인 직장을 구하는 게 좋을 것 같아요."

역사학을 전공한 그가 경찰이나 군인을 희망하는 게 언뜻 이해되지 않아 재차 물었다. 하지만 그는 "경찰이나 군인이 가장 좋은 직업 아니냐"고 오히려 반문한다. 자신의 적성이나 전공보다는 사회적 인지도나 안정적인 측면에서 군인이나 경찰은 라다크 젊은이들이 선망하는 직업인 것이다.

"남자들은 21살 이후, 여자들은 18살을 넘으면 결혼하는 게 보통이예요. 저는 학교를 다니느라 결혼이 늦어진 편이죠. 결혼 상대는 라다크 여자도 좋고 델리 여자라도 상관없어요. 하지만 무엇보다도 부모님이 좋아하는 여자라야 해요. 아직 여자 친구도 없으니 언제 결혼할지는 모르겠지만."

팝음악을 좋아하고 유럽 축구에 관심이 많으며 디지털카메라나 노트북에 열광하는 델렉은 그 나이또래의 여느 인도 젊은이들과 다를 바가 없다. 부모님과 고향을 사랑하지만 '기회'만 된다면 언제든 대도시에 나가 일을 하고 가정을 꾸려 정착하고 싶어 한다. 그의 바람은 아마도 라다크 젊은이들 대다수의 생각과도 크게 다르지 않을 것이다. 델렉은 곰파에 들어갈 때마다 능숙한 솜씨로 마니차를 돌리고 법당에 들어가 기도하며 바람 부는 언덕 위엔 타르초를 내걸었다. 타르초를 걸 때면 라다크어로 "모든 생명에게 평화가 깃들길"이라는 발원을 허공에 큰 소리로 외치곤 했다. 우리 눈에 그는 분명한 라다키였지만 그가 생각하는 자신의 삶, 희망하는 미래는 우리가 상상하는 라다키들과는 분명 달랐다.

그것은 옳고 그름으로 판단할 수 있는 문제가 결코 아니다. 라다크를 찾아오는 대다수의 여행객들이 상상하고 보고 싶어 하던 '오래된 미래'와 동떨어져 있다고 해서 얼굴을 찌푸릴 일은 더더욱 아니다. 적은 생산과 적은 소비 속에서 자연과 조화를 이루며 긴밀한 유대관계를 형성하는 공동체의 삶이 라다크에서 지속돼야 한다고 주장할 일도 아니다.

여행이란 그들의 삶을 우리의 입맛으로 재단하는 과정이 아니다. 비록 라다크가 앞으로 어떻게 변화할지, 어느 길로 나아가게 될지 알 수 없고 그래서 더 안타깝고 아쉬울지는 모른다. 하지만 우리는 그것을 알지 못하기에 새로운 길을 찾으려 노력하는 것이 아닌가. 그리고 그 속에서 우리가 그리워하던 라다크의 오래된 미래는 끊임없이 재탄생할 것이다.

가장 훌륭한 시는 아직 씌여지지 않았다.

가장 아름다운 노래는 아직 불려지지 않았다.

최고의 날들은 아직 살지 않은 날들

가장 넓은 바다는 아직 항해되지 않았고

가장 먼 여행은 아직 끝나지 않았다.

불멸의 춤은 아직 추어지지 않았으며

가장 빛나는 별은 아직 발견되지 않은 별

무엇을 해야 할지 더 이상 알 수 없을 때

그때 비로소 진정한 무엇인가를 할 수 있다.

어느 길로 가야 할지 더 이상 알 수 없을 때

그때가 비로소 진정한 여행의 시작이다.

-나짐 히크메트의 '진정한 여행'

터키의 위대한 시인 나짐 히크메트Nazim Hikmet의 시처럼 우리의 여정은 아직 끝나지 않은 것일지도 모른다. 라다크의 변화가 계속되는 한, 더 좋은 삶의 방식을 찾기 위한 그들의 노력이 계속되는 한, 우리의 여정도 그들과 걸음을 맞춰야 할 것이다. 비록 우리의 이번 여정은 여기서 끝나더라도.

짧은 시간이었지만 쉼 없이 눌러대던 카메라, 빼곡히 적어 내려가던 취재수첩과 펜도 모두 가방 속에 차곡차곡 넣었다. 숨 가쁘게 진행됐던 여정 동안 더 바쁘게 움직였던 그 모든 기록의 도구들을 내려놓고 나니 비로소 라다크의 하늘과 땅, 미소가 가슴으로 떠오른다. 비록 짧은 순간, 좁은 시야와 단견으로 그들을 대했지만 언제나 환한 미소와 과분한 친절을 베풀어주었던 이들, 감히 범접할 수 없을 듯 여겨지는 하늘의 땅을 따듯하고 풍요로운 사람의 땅으로 만들어 주었던 모든 인연들에게 감사의 인사를 전하며 라다크의 마지막 밤을 청한다. 줄레! 라다크.

라다크 기행

하늘의 땅, 사람의 땅

2013년 2월 5일 1판 1쇄 인쇄
2013년 2월 15일 1판 1쇄 발행

지은이 남수연

펴낸이 김인현

디자인 안지미

마케팅 박기수

펴낸곳 종이거울 www.dopiansa.com

등록 2002년 9월 23일(제19-61호)

주소 경기도 안성시 죽산면 용설리 1178-1

전화 02-419-8704 팩스 02-336-8701

E-mail dopiansa@hanmail.net

ISBN 978-89-90562-41-8 04980

©2013 남수연